NEW WCDP
新文京開發出版股份有限公司
新世紀・新視野・新文京－精選教科書・考試用書・專業參考書

New Wun Ching Developmental Publishing Co., Ltd.

New Age · New Choice · The Best Selected Educational Publications — NEW WCDP

第三版

3rd Edition

Nail Art

Professional Gel Design and Care

QR Code
美甲技術影片

美甲彩繪
－專業凝膠設計與護理

陳美均・許妙琪 著

推薦序

RECOMMENDATON

手、足是人們使用最頻繁，但卻最容易被忽略的身體器官，舉凡吃飯、喝茶、開車、寫字、走路等無不跟手足發生關係！其實擁有一雙整齊清潔的手，是個人形象中最基本的要求，若能在女性的手足上增加色彩展現自我個性及風格，除了在特別的日子裡如宴會、結婚之外，每一天若能將指甲保養視為生活習慣，擁有非常漂亮的指甲絕非難事。

近年來藝術指甲的風潮因「哈日風」在臺灣颳起一片旋風，美甲工作者將彩繪發揮在小小的指甲上，讓許多人為之驚豔，紛紛地也想投入這個領域。指甲彩繪到底有怎樣的魅力，會不會像從前蛋塔、紅茶咖啡品牌等快速崛起，又急速滑落？前者只要技術轉移，但指甲卻需要專業技術學習，所以較不容易被取代。

「師父領進門，修行在個人」這句話對想從事美甲工作的人最為貼切，若只想透過課堂學習而不勤加練習，縱然安排一整年的課程也徒勞無功。所謂「工欲善其事，必先利其器」，謹慎的選擇學習環境，也可以達到事半功倍的效果。除了藝術方面的發揮之外，專業的手足結構、指甲概論等知識也應具備，繪畫只是美甲師的基本功夫，要知道，惟有受到正確的保養及護理，指甲才會展現亮麗耀眼的一面。

本書從基本的指甲結構、指甲的保養、指甲彩繪、水晶指甲、凝膠指甲技巧的操作及使用的產品，鉅細靡遺的加以介紹，結合陳美均老師的豐富教學經驗及兒梵絲指甲彩繪許妙琪總監所帶領的團隊，將多年的實務經驗及專業技術呈現，再加上多款的作品集錦，是一本難得的指甲教學書。

指甲彩繪帶給人們雙手許多色彩，它不但可裝飾您，更可以拉近人們彼此之間的距離，進而點亮您的生活。

中華美甲師協會第一屆理事長

林洲旭

陳序

PREFACE

美甲沙龍於歐、美、日先進國家，如雨後春筍般紛紛設立，在臺灣其普遍性隨著國人所得的增加，擁有廣大的就業市場。自我形象的塑造也因應時代潮流不斷改變，美甲師若能擁有指甲相關之技術，未來在服務顧客時，將可在造型上呈現畫龍點睛之效，同時「指甲藝術」也代表流行時尚之新美學。

「教育是我鍾愛的事業；寫作是我熱衷的理想。」由於多年從事美容教育一職，專心精進於指甲相關知識，將美甲所應具備之技能，精心編寫策劃完成此書。

本書分為美甲沙龍、手足結構、指甲概論、手部深層護理、足部深層護理、卸甲技巧、指甲彩繪、凝膠延甲、法式凝膠、平面彩繪與雕塑、水晶指甲製作…等單元，讀者在理論方面可強化專業能力；在實務方面則至美甲專門沙龍實地拍攝，內容鉅細靡遺，並羅列用品、用具及詳細操作過程，期望能協助有志從事美甲工作者，具備專業級沙龍的相關知能。

感謝兒梵絲公司的協助，使本書如期完成。教材付梓恐有疏漏，尚祈各界先進不吝指正，使其更臻完善。

祝　平安喜樂

陳美均　謹識

許序

PREFACE

指甲－一個很不起眼的器官之一，卻能夠輕易的判別一個人的基本衛生習慣是否良好。從事美容的工作已邁入第23個年頭，很多人問為什麼要捨美容瘦身業而轉進指甲保養，放棄從頭到腳的保養市場，卻選擇占全身不到百分之十的手足專業護理；且在臺灣尚未看好的情況下，於2001年成立兒梵絲指甲彩繪並進軍全省百貨業。

當時僅懷抱著一個想法，希望將歐美及日本蔚為風潮的手足保養正確觀念帶給國內的消費者。其實保養手足與臉部是一樣重要的事，好像一個人的臉有帶著敏感、帶著痘痘、甚至太油或太乾，即使再先進的彩妝技術或最流行的時尚顏色都無法在臉部作文章。相對的，一個人的手腳若沒有適當的保養，到了春夏你一樣必須將你的雙腳緊緊的包裹在密不透氣的鞋裡。

希望本書能夠提供寵愛指尖的人或想從事這個工作的美甲師一個正確的保養觀念，要知道，指甲彩繪或水晶指甲僅具有錦上添花的效果，沒有接受正確課程訓練的人，只能在人們的手足表面平添一些色彩；所以，除了慎選學習的教學機構，也要留意商品的選擇、職業傷害的預防、職業道德的觀念等，才能發揮「美甲」的真諦。

本次特別根據美甲業的現況更新了凝膠指甲的技術操作與彩繪指甲技法的變化，並新增3D水晶立體雕塑章節。最後藉由深入淺出的引導，將所有知識與技能，從基礎理論、一直到高難度的花式技巧一一呈現。本書所有的內容都是作者匯集近年來的現場操作及實際教學經驗，希望分享所有的經驗之餘，更可傳達指甲藝術的樂趣。

本書中的作品呈現感謝兒梵絲美甲沙龍的全體員工，美甲模特兒林湘芸、艾莎美甲沙龍林佩貞老師、糖糖物語美甲美睫林佩蓉老師。

許妙琪　謹識

陳美均

a35311@go.hwh.edu.tw

學歷

大同大學 設計科學研究所博士

師範大學 家政教育研究所碩士

現職

華夏科技大學化妝品應用系 副教授

工作經歷

臺南女子技術學院美容造型設計系 講師

萬能科大化妝品應用與管理系 講師

全國家事類科技藝競賽評審委員

美甲相關證照

1. 英國美甲國際證照
2. TNA美甲證照
3. 國際保健美甲師證照
4. 勞動部美容乙級證照
5. 國際噴槍師證照
6. 氣墊式多功能凝膠美甲師證照
7. 手部照護證照

曾獲得之榮譽

1. 1997年獲國科會乙種優良論文獎勵
2. 2012年獲頒教育部資深優良教師
3. 2017年獲頒教育部資深優良教師
4. 2016年華夏科技大學績優教師
5. 2019年華夏科技大學研發能量績優教師

國外研習

1. 英國倫敦時尚學院：芳香療法、創意化妝、年代化妝、假髮運用。
2. 日本山野短期大學：日式臉部保養、美體與美膚儀器、彩繪化粧、傳統藝妓包頭與舞臺化粧、指甲護理、浪越全身指壓、電視化粧、新娘包頭。
3. 法國mack up彩妝學校：法式淋巴引流手技、指甲彩繪、特效化妝。

美甲相關評審

1. 家事類科學生技藝競賽評審
2. 全國高級中學校家事類科學生技藝競賽評審
3. 全國技能競賽美容職類裁判
4. 亞洲髮型化妝美甲大賽臺灣區國際選手選拔評審
5. 國際技能競賽中華民國技能競賽委員

6. C級彩繪—宴會彩繪、指甲彩繪、手機彩繪評審
7. 新北市勞工技藝競賽美容職類裁判長
8. 鳳凰盃美容美髮美甲技術競賽大會美容評審
9. 亞洲盃香港髮型化妝美甲國際大賽評審
10. 中華盃美容美髮美甲技術競賽大會裁判長
11. 臺灣國際盃髮藝美容美睫美甲造型比賽國際美容評審長
12. 臺灣世界盃髮型美睫美甲紋繡比賽世界美容評審長

nailadvance@yahoo.com.tw

現任

兒梵絲指甲彩繪教育總監

中華美甲師協會第一屆理事

臺北市指甲彩繪睫毛業產業工會理事長

學歷及進修

英法美容學校專業美容全科第26期畢業

CIDESCO國際美容師

德明商專企業管理科系畢業

英國芳香療法芳療學校

英國淋巴引流結業證照

英國足底反射講師證照

加拿大OSPAS指甲彩繪進修研習班

中國勞動省高級美容師

中國勞動省高級講師

指甲彩繪噴槍研習班證照

經歷

1995~1996　MAKE UP FOR EVER 浮生若夢彩粧技術指導

1997~1999　英法美容學校全科班專任講師

1999~2000	群亨美容集團教學部講師（最佳女主角、菲夢絲、女人話題）
2001~2006	兒梵絲國際有限公司創辦人
2005~2006	中華美甲師協會第一屆理事
2003~2005	元智大學、協志工商、員林家商指甲彩繪進修班專任講師
2002	中華民國全國盃美髮美容競技人體珠寶彩繪A組優勝
2003	第二十四屆金甲獎講師選拔賽中區預賽亞軍
	高雄市第七屆市長盃美容美髮技術競賽指甲彩繪組裁判長
	APHCA奧林匹克交流大會美甲彩繪組評審
	第二十七屆亞洲髮型化妝大賽選手權選拔賽美甲彩繪組裁判
	臺北縣第一屆縣長盃美容美髮邀請賽美甲彩繪組裁判長
2004	臺北市市長盃美容美髮指甲彩繪競賽組監察
	OMC中華臺北國際競賽藝術指甲競賽裁判
2007	二級美甲師檢定命題委員
	二級美甲師檢定評審
2008	NBAPU國際美甲競賽監察
2009	中華民國指甲彩繪美容職業工會聯合會理事
	NBAPU國際美甲競賽專業組監察長
2010	TNA國際美甲競賽自由組評審長
	TNA國際美甲競賽現場粉雕區域賽第三名
2013	中華民國指甲彩繪美容職業工會聯合會常務理事
2014	臺北市指甲彩繪睫毛業產業工會理事長
2015	泰國、韓國首爾國際美甲競賽評審

2015 TNA高階美甲師檢定通過

2015 TNA高階美甲師檢定評審

2016~2024 各大專校院、技職學校授課：美甲藝術、手足保養、平面雕塑、平面彩繪等課程

2020 TNL二級手足保養美甲師證照考取

2021 靜心彩繪師證照考取

2022 TNA指甲彩繪初級技能職類測驗證照考取

2024 INCA技能競賽美甲國際評審

媒體專訪

2003 中天娛樂臺之生活奇摩誌指甲彩繪流行專訪

2003~2006 蘋果日報副刊指甲彩繪技術示範講師

2004.10 《野尻早苗3D炫亮指甲彩繪》中文版監修（尖端出版社）

2004.12 壹週刊彩繪指甲技術示範

2005.10 指繪達人新聞專訪（三立新聞臺）

2005.9 指甲彩繪水晶指甲人物專題報導（東森大生活家）

2005.11 足部深層SPA人物專題報導（東森大生活家）

2005.12 《指繪達人》技術示範拍攝（傑克魔豆出版社）

2005.12 《彩繪誌》技術示範拍攝（傑克魔豆出版社）

2006.2 《黑崎繪里子的熟女指甲彩繪》中文版專業監修（傑克魔豆出版社）

目錄
CONTENTS

基礎認識

手足護理

美甲設計

基礎認識

美甲彩繪
NAIL ART
專業凝膠設計與護理

美甲沙龍

1-1 美甲沙龍之設備

工作與環境的設備

優雅安靜的工作環境氣氛是美甲工作室首要條件，室內的溫度最好保持在攝氏18~21度之間，與室外的溫度不要相差10度以上，應保持良好的通風與日照，室內光線應溫和並配合輕柔的音樂。

一、裝潢設備

冷暖氣、音響。

二、一般儀器

1. 風乾機
2. 磨甲機
3. 蜜蠟機
4. 推車
5. 紫外線消毒箱
6. 手足專業護理專用椅
7. 超音波卸甲機
8. 瀝乾籃
9. 乾淨櫥櫃
10. 專業級照明燈
11. 遠紅外線電熱手套
12. 遠紅外線電熱腳套

三、日常用品

1. 毛巾
2. 工作服
3. 美容衣
4. 酒精棉球、化妝棉、化妝紙、棉花棒、小水盆、海綿、紗布、器皿、挖棒、鑷子等用具。
5. 消毒劑：酒精、煤餾油酚。
6. 紙製拖鞋
7. 保鮮膜切割器

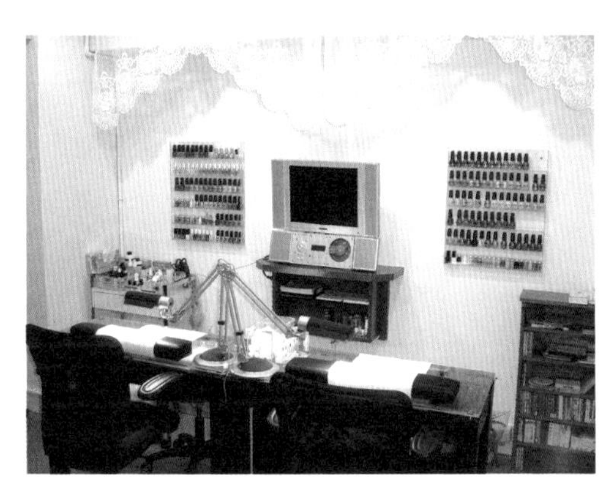
專業沙龍手部護理區

四、保養品系列

必須依照顧客的指甲性質作分析，選擇適宜合格的保養品。

五、軟硬體設備

1. 顧客資料電腦建檔。
2. 櫥窗設計。
3. 內部設計。
4. 除濕機。

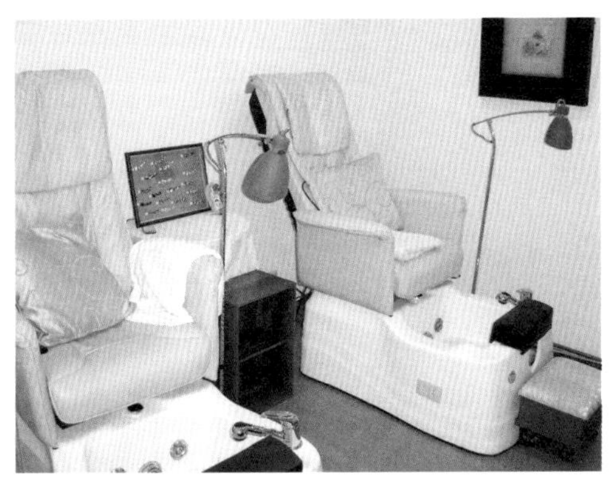

專業沙龍足部護理區

百貨公司指甲彩繪專櫃

百貨公司指甲彩繪專櫃

百貨公司指甲彩繪專櫃

基本設備

一、工作前準備

1. 使用消毒水拭淨工作桌。
2. 清潔消毒後的毛巾放置於手靠墊上。
3. 放置泡手碗。
4. 已消毒之指甲工具及銼條放置於玻璃瓶中。
5. 黏貼垃圾處理袋於桌角。

二、準備步驟

1. 使用消毒水擦拭清潔桌面。
2. 將清潔消毒後的毛巾事先包裹手靠墊。
3. 放置泡手碗於顧客座位的右邊。
4. 將金屬器具及櫸木棒存放於消毒水罐中。
5. 將滋養霜及指甲油放在固定的收集籃中，並置於美容師左邊。
6. 將磨銼工具放在美容師座位右邊。
7. 黏上垃圾袋在桌側，以方便使用為原則。

1. 專業手靠墊（手墊）
2. 棉花球罐
3. 泡手碗
4. 專業磨甲機
5. 各色指甲油
6. 磨銼工具
7. 溫和去光水
8. 硬皮鉗、推刀
9. 淨手消毒凝露
10. 健甲油系列
11. 不織布

1-2 美甲沙龍基本服務項目

1. 手足保養

　手部基礎保養、手部深層保養、足部基礎養護、足部深層養護。

2. 指甲彩繪

　自然甲彩繪、法式甲彩繪、透明甲彩繪、噴繪甲片、晶鑽彩繪。

3. 凝膠指甲

　真甲加固、真甲璀璨加固、透明凝膠延長、璀璨凝膠延長、平面雕塑。

4. 水晶指甲

　透明水晶延長、璀璨水晶延長、夾心粉雕延長、平面雕塑、立體雕塑。

1-3 美甲客戶資料卡

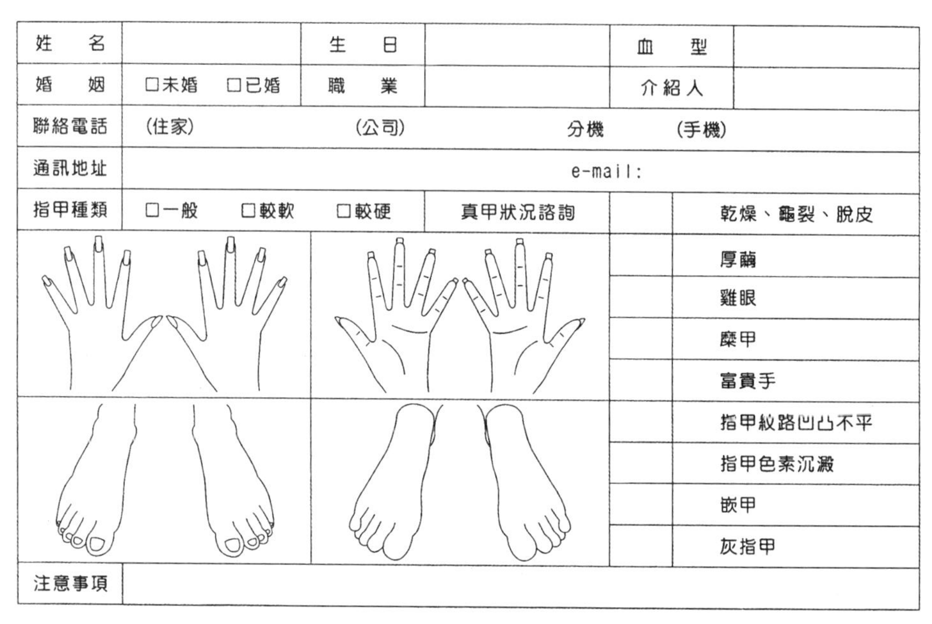

美甲客戶資料卡

客戶編號：

姓　名		生　日		血　型	
婚　姻	□未婚　□已婚	職　業		介紹人	
聯絡電話	(住家)　(公司)　分機　(手機)				
通訊地址	e-mail:				
指甲種類	□一般　□較軟　□較硬	真甲狀況諮詢			乾燥、龜裂、脫皮
					厚繭
					雞眼
					糜甲
					富貴手
					指甲紋路凹凸不平
					指甲色素沉澱
					嵌甲
					灰指甲
注意事項					

日期	消費項目	數量	消費金額	小計/會員餘額	服務人員	服務記要

1-4 美甲專業英文

SOAK OF UV GEL	可卸式凝膠
UV LAMP	凝膠燈
GEL POLISH	甲油式凝膠
WHITE BUILDER GEL	白色建構膠
CLEAR BUILDER GEL	透明建構膠
PINK BUILDER GEL	粉紅建構膠
CLEAR GEL	透明平滑膠
GEL CLEANSE	凝膠清潔劑
COLOR GEL	彩色凝膠
TOP GEL	上層凝膠
BASE GEL	底層凝膠
MIRROR TOP GEL	鏡面上層凝膠
SEQUINS GEL	璀璨亮片凝膠
METAL GEL	金屬凝膠
GLITTER GEL	貓眼膠
GEL BRUSH	凝膠筆刷
SQUARE GEL BRUSH	凝膠平筆刷
OVAL GEL BRUSH	凝膠橢圓筆刷
LED LAMP	LED 凝膠燈
MATTE TOP GEL	霧面上層凝膠
ACTIVE CLEAR TIP(100PCS)	透明半貼片
ACTIVE NATURAL TIP(100PCS)	自然半貼片
ARM REST(55mm×10mm×7mm)	彎型手墊
ARM REST(60mm×10mm×7mm)	直型手墊

BASE COAT	保濕護甲底油
BLACK BLOCK	橘色方塊銼
BLACK FILES	彎型黑銼
BRUSH CLEANER	清潔水晶筆液
CLIPPER	一字剪
COLOR FILES	直型花銼條
CORRECT PEN	指甲油修邊筆
CUTICLE NIPPER	硬皮銼
CUTICLE OIL	指緣營養油、指緣保養油
CUTICLE REMOVER	硬皮軟化劑
DRILL	甲片鑽孔器
FILES	直型銼條
FINGER REST	指甲彩繪手指架
FULL NATURAL TIP(100PCS)	自然全貼片
GLASS DISH	玻璃藥液瓶
GLASS HAND	展示瓷手
HORSE SHOE FORMS	馬蹄型紙模
JEWELRY BOX	彩色小鑽盒
KOLINSKY SABLE BRUSH	水晶專用貂毛筆
MANICURE BOWL	泡手碗
MANICURE BRUSH(240PCS)	小刷子
MANICURE MACHINE	磨甲機
METAL CUTICLE PUSHER	鋼製甘皮推刀
NAIL ART BRUSH(PACKED)	精裝繪畫小筆
NAIL ART FOIL	金箔
NAIL ART FOIL	銀箔

NAIL ART TABLE (118cm×48cm×78cm)	美甲桌
NAIL DESIGN'S DISPLAY	美甲展示架
NAIL STRENGTHENER	加鈣護甲底油
ORANGE WOOD STICK(1000PCS)	櫸木棒
PARAFFIN WAX	石蠟
POLISH DRYER	風乾機
POLISH REMOVER	溫和去光水
POLISH THINNER	指甲油稀釋液
PORPOISE DANGLE(GOLDEN)	吊飾
PRACTICE FINGER	練習手指
PRIMER	底漆（接合劑）
SHINING BLOCK	拋光塊
SQUARE FORMS	方型紙模
STRIPING TAPE	金線
STRIPING TAPE	銀線
TOE SEPARATOR	隔指海綿
TOP COAT	快乾亮油
WOOD THIN FILES(17.8×2)	木片薄銼條
ZEBRA FILES(17.8×2)	白紋斑馬銼
ZEBRA FILES(BANANA)	彎型斑馬銼
4 WAY SHINING BUFFER	四面拋光塊

美甲彩繪
NAIL ART
專業凝膠設計與護理

手足結構

2-1 手部骨骼系統

美甲師應瞭解手部及足部的骨骼系統、反射區域及穴道，配合專業的美容知識與技能，提供顧客最合適的服務。

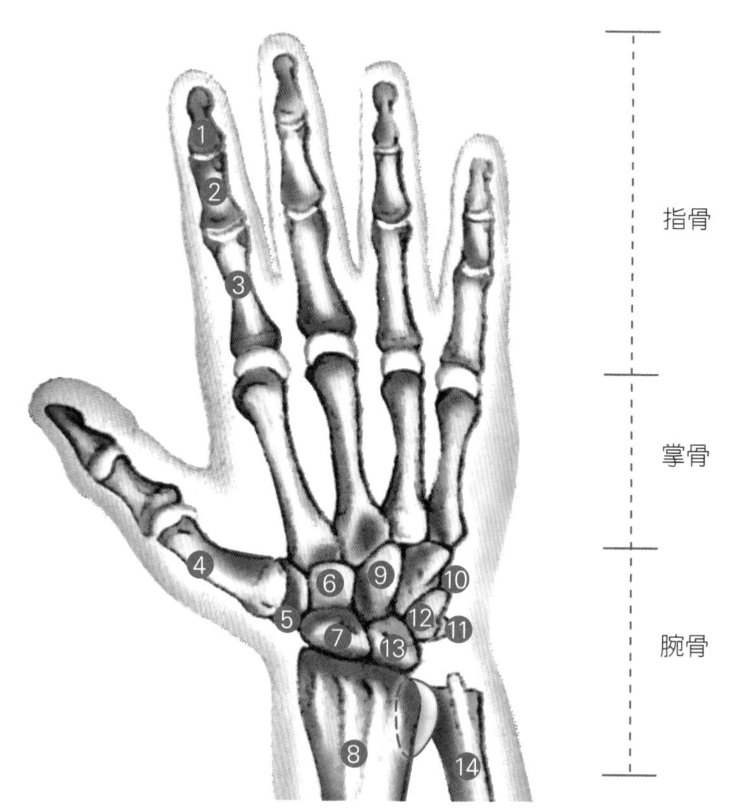

手部骨骼圖

1. 遠側指骨(Distal phalanx)
2. 中間指骨(Middle phalanx)
3. 近側指骨(Proximal phalanx)
4. 掌骨(Metacarpal)
5. 大多角骨(Trapezium)
6. 小多角骨(Trapezoid)
7. 舟狀骨(Scaphoid)
8. 橈骨(Radius)
9. 頭狀骨(Capitate)
10. 鉤狀骨(Hamate)
11. 豆狀骨(Pisiform)
12. 三角骨(Triquetral)
13. 月狀骨(Lunate)
14. 尺骨(Ulna)

手部穴道

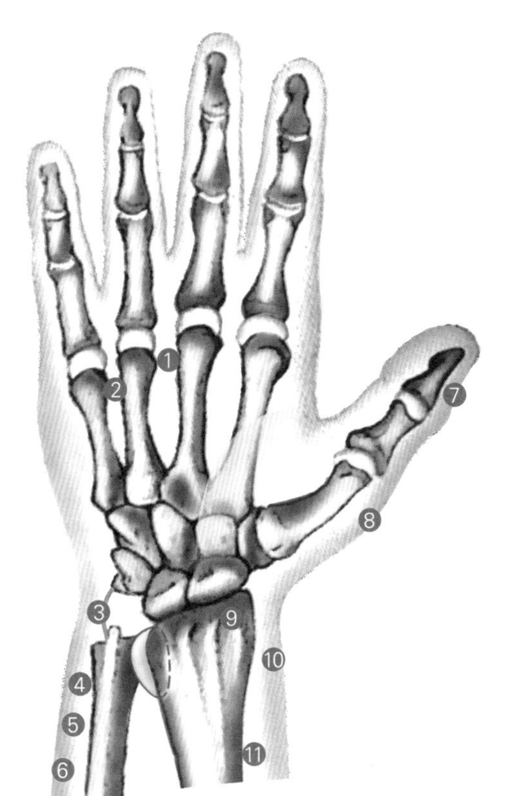

手掌

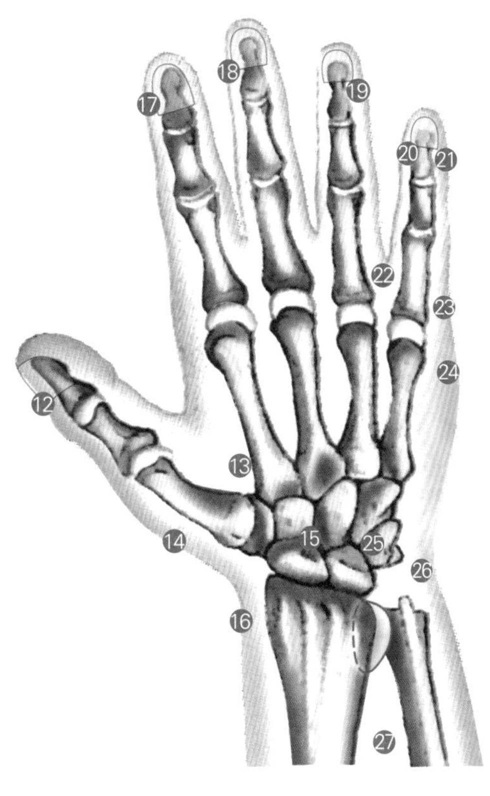

手背

1. 勞宮	8. 魚際	15. 陽谿	22. 液門
2. 少府	9. 太淵	16. 列缺	23. 前谷
3. 神門	10. 列缺	17. 商陽	24. 後谿
4. 陰隙	11. 內關	18. 中衝	25. 陽池
5. 通里	12. 少商	19. 關衝	26. 陽谷
6. 靈道	13. 合谷	20. 少衝	27. 外關
7. 少商	14. 魚際	21. 少澤	

手部反射區域

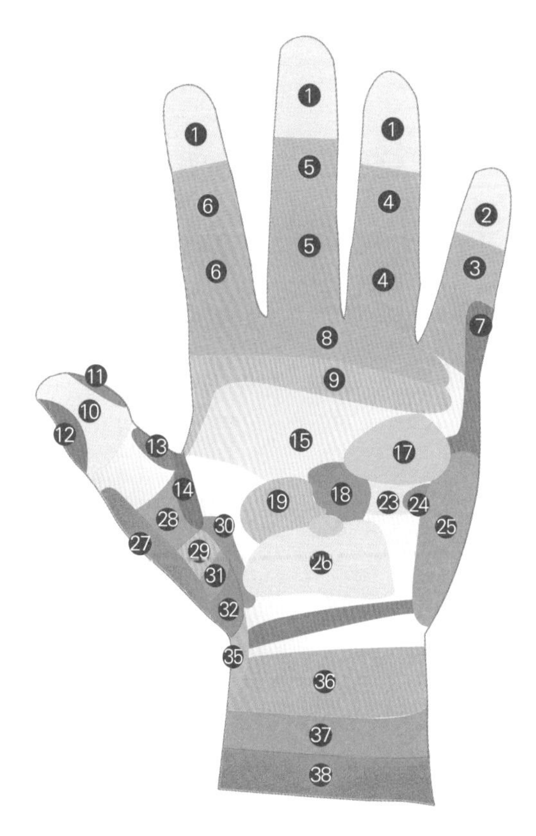

左手

右手

1. 額竇
2. 耳
3. 耳（生殖器）
4. 耳（荷爾蒙）
5. 眼（心臟）
6. 眼（腸）
7. 肩
8. 斜方肌
9. 口腔
10. 大腦
11. 小腦
12. 鼻
13. 頭、喉
14. 甲狀腺
15. 肺、氣管
16. 肝
17. 心臟
18. 太陽神經叢
19. 腎臟
20. 橫結腸
21. 腎上腺
22. 膽囊
23. 橫結腸
24. 脾臟
25. 降結腸
26. 小腸
27. 脊椎
28. 甲狀腺
29. 胃
30. 胰臟
31. 十二指腸
32. 膀胱
33. 盲腸
34. 升結腸
35. 仙骨
36. 乙狀結腸
37. 直腸
38. 生殖器

2-4 足部骨骼系統

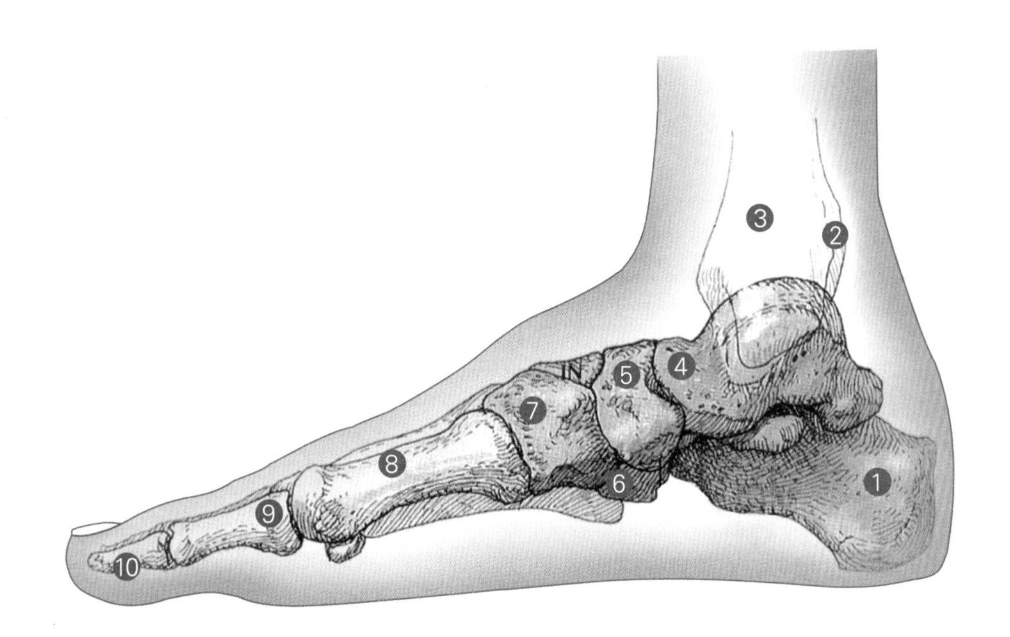

足部骨骼圖

1. 跟骨(Calcaneus)
2. 腓骨(Fibula)
3. 脛骨(Tibia)
4. 距骨(Talus)
5. 舟狀骨(Navicular)
6. 骰骨(Cuboid)
7. 楔狀骨(Cuneiform)
8. 蹠骨(Metatarsal)
9. 近端趾骨(Proximal Phalanx)
10. 遠端趾骨(Distal Phalanx)

2-5 足部穴道

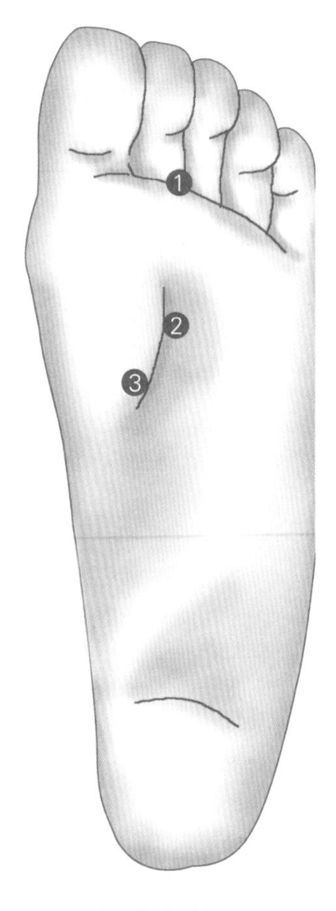

腳背穴道圖

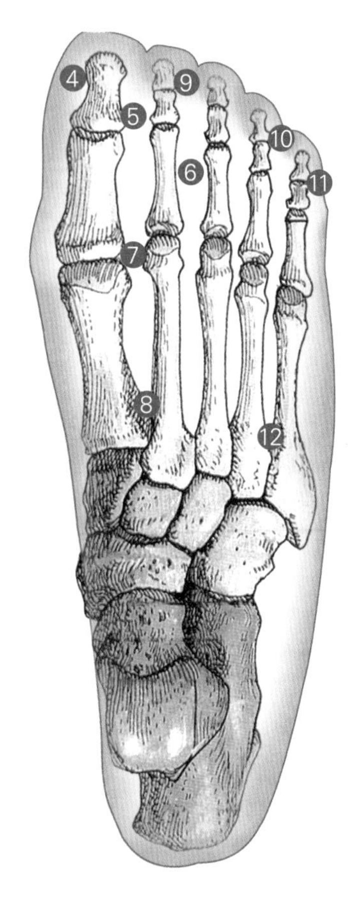

腳掌穴道圖

1. 里內庭
2. 湧泉
3. 內湧泉
4. 隱白
5. 大敦
6. 內庭
7. 太衝
8. 衝陽
9. 厲兌
10. 足竅陰
11. 至陰
12. 足臨泣

足部反射區域

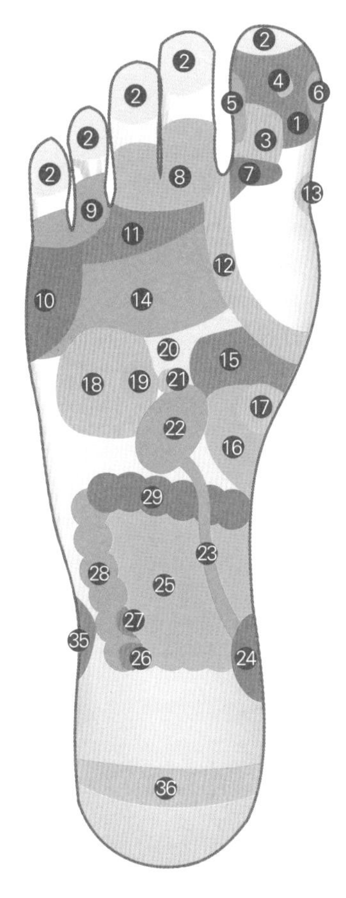

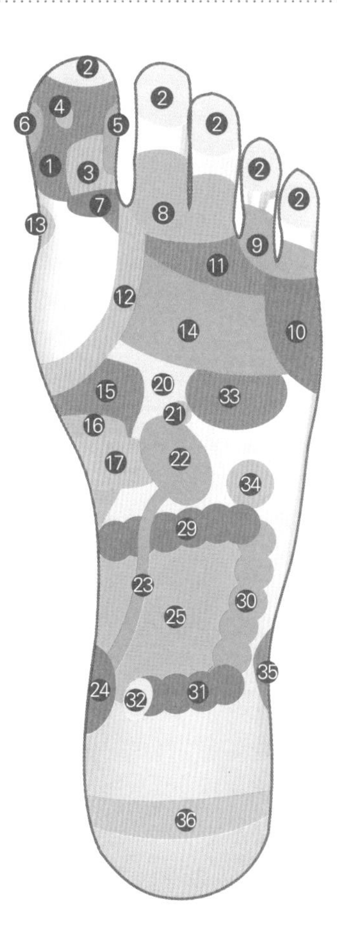

足部反射區域分布圖

1. 頭（腦）
2. 鼻竇
3. 腦幹、小腦
4. 腦垂體
5. 顳葉、三叉神經
6. 鼻
7. 頸
8. 眼
9. 耳
10. 肩
11. 肩頸部
12. 甲狀腺
13. 副甲狀腺
14. 肺臟、支氣管
15. 胃
16. 十二指腸
17. 胰臟
18. 肝臟
19. 膽囊
20. 太陽神經叢
21. 腎上腺
22. 腎臟
23. 輸尿管
24. 膀胱
25. 小腸
26. 盲腸
27. 迴腸瓣
28. 升結腸
29. 橫升結腸
30. 降結腸
31. 直腸
32. 肛門
33. 心臟
34. 脾臟
35. 膝蓋
36. 生殖腺（卵巢或睪丸）

美甲彩繪
NAIL ART
專業凝膠設計與護理

指甲概論

3-1 指甲的構造

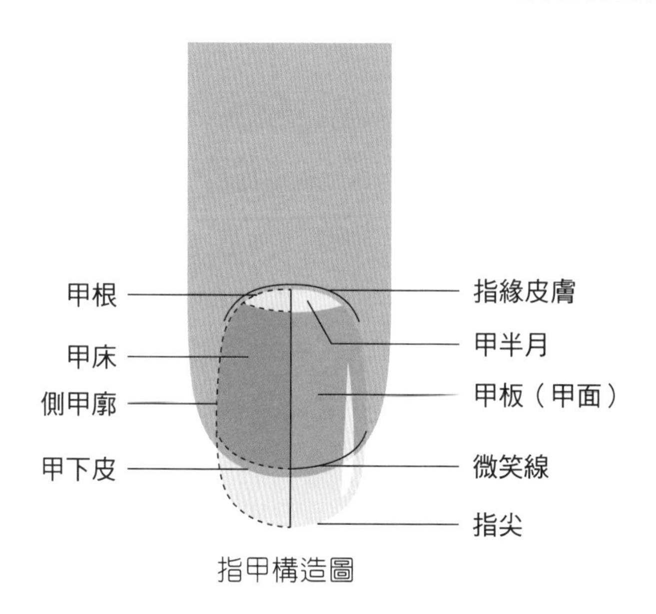

指甲構造圖

指甲的成分

指甲的主要成分是纖維體角質蛋白所形成之角質素，角質素是由極微量硫磺成分的胺基酸所組成，另含有化學元素，其百分比如下：碳51%、氫6%、氮17%、氧21%、硫5%。指甲的生長一日平均約長0.1mm，一個月平均約3mm，女性比男性快，夏季較冬季快。

指甲包含指甲母體、指甲根、指甲尖三個部分

1. **指甲母體**：甲床延伸至指甲根部的組織，有血液、神經、淋巴液，供應指甲的營養，不斷使指甲角質化，成長速度與身體健康狀況有關。
2. **指甲根**：指甲生長的源頭，由表皮下的指甲製造而成。
3. **指甲尖**：甲面自甲床分離的尖端處。

4. **指甲床**：指甲本體依附之皮膚部分，有血管與神經。
5. **甲面**：又稱「指甲」，由甲根的指甲母體所生成，由鱗狀角質重疊生長。

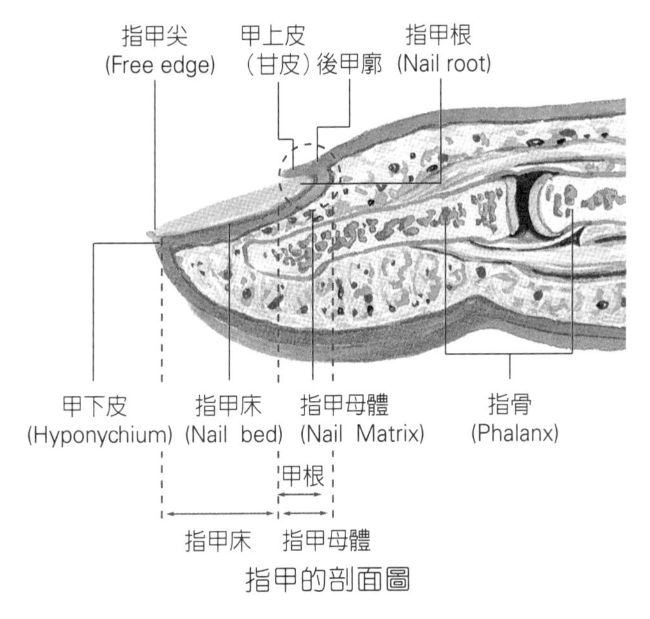

指甲的剖面圖

美甲護甲的三大營養素

1. **蛋白質**：食物中大豆蛋白、動物性蛋白，如海鮮、鮮奶、蛋、乳製品等蛋白質，多攝取能塑造堅韌的指甲。
2. **礦物質**：食物中鈣、鐵、碘、鋅、鈉、鉀、鎂、錳、銅、磷、鈷等礦物質，如肝臟、海藻、海鮮，多攝取可常保指甲活力。
3. **維生素**：食物中維生素A、B、D、E等，如蛋、黃綠色蔬菜、奶油、胚芽、肉，多攝取可製造具光澤富彈性的指甲。

指甲的形狀

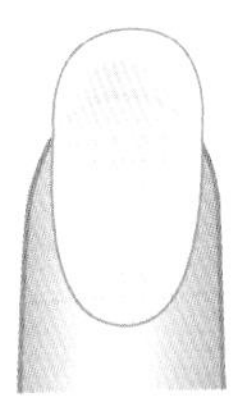

橢圓型

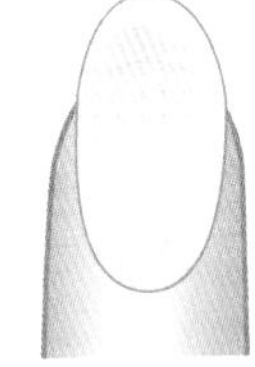

尖型

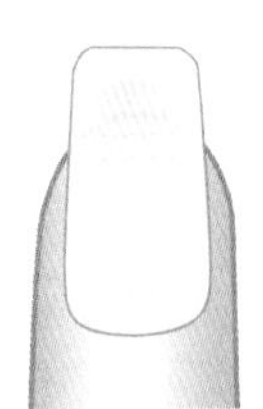

方圓型

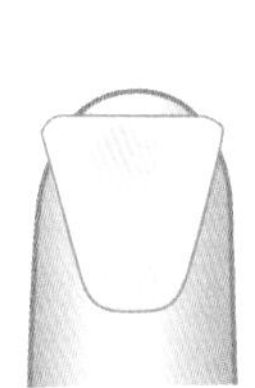

栗子型

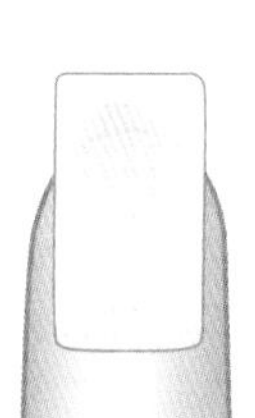

四角型

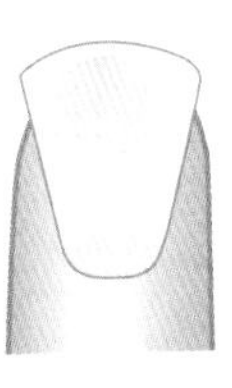

扇型

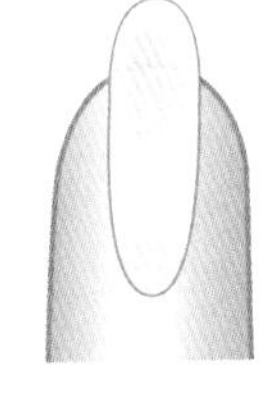

細長型

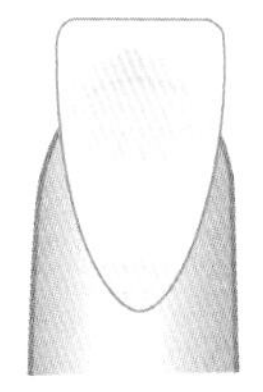

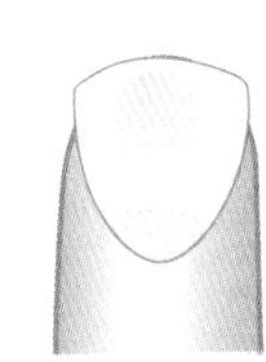

三角型

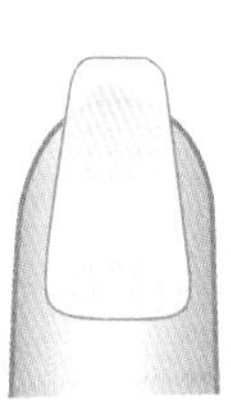

梯型

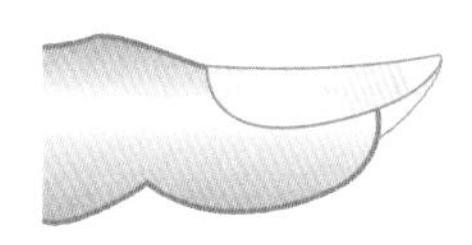

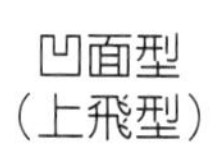

凹面型
（上飛型）

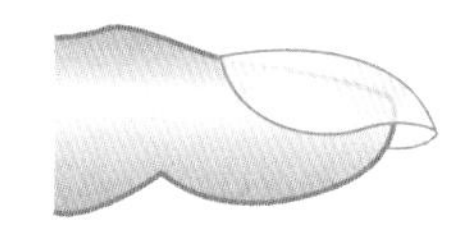

凸面型
（鷹爪型）

3-3 異常指甲原因與護理方法

指甲徵狀	形成原因	護理方法
指甲縱裂症	1. 全身性疾病或疾病，如風濕性關節炎。 2. 遺傳。 3. 缺乏維生素C、B_2。 4. 作息不正常。	1. 治療內在疾病。 2. 指甲保養。
指甲橫溝症	1. 疾病：藥物中毒、痛風、嚴重發燒、腎炎。 2. 中毒。 3. 缺乏鋅元素。	1. 補充營養。 2. 治療內在疾病。 3. 指甲保養。
凹陷	1. 缺乏維生素C、B_2。 2. 疾病：皮膚病、全身性疾病。	1. 補充營養、治療內在疾病。 2 拋光甲面。 3. 磨甲。
白斑症	1. 缺乏鋅、鈣元素。 2. 白斑處是缺乏角質素。 3. 修剪不當。 4. 外傷。 5. 中毒：重金屬或砷。	1. 保養液按摩、護甲。 2. 貼甲片。

指甲徵狀	形成原因	護理方法
咬甲癖	1. 心理因素（不安全感）。 2. 神經緊張。 3. 修剪過度。	1. 擦拭苦甲水。 2. 水晶指甲。
指甲破裂	1. 修剪不當。 2. 使用含丙酮劣質的去光水。 3. 化學產品：清潔劑、除漆劑、顯影劑的接觸。	修甲護理。
倒拉刺	1. 甲上表皮層太乾燥。 2. 修剪過度。 3. 使用刺激性強的清潔劑。	指甲保養。
甲溝炎、甲廓炎	1. 手指長時間浸泡水中，受黴菌類微生物侵襲。 2. 使用指甲油、去光水、染髮劑、洗潔劑等。	1. 停止使用刺激的物品。 2. 局部塗以抗生素及抗黴菌之藥膏。

指甲徵狀	形成原因	護理方法
鬆離指甲	1. 猛烈撞擊、敲打。 2. 魚鱗癬、菌類感染。 3. 疾病：甲狀腺。 4 藥劑：四環黴素，內含感光性。	建議就醫。
厚甲	1. 疾病引起。 2. 疏於修整指甲。 3. 遺傳。 4. 細菌慢性感染。	1. 拋光甲面。 2. 磨甲。
指甲嵌入症、指甲內翻	1. 疏於修剪指甲。 2. 過度修剪指甲。	將甲板部分去除，局部塗上消炎軟膏與抗生素。
瘀傷	1. 外力撞擊甲床。 2. 疾病：心臟病、肝病、食用未熟肉類（多為豬肉）受其中旋毛蟲感染之徵兆。	若無傷口，可塗指甲油。

3-4 指甲色澤異常及形成原因

一般正常健康指甲的顏色為淡粉紅色，指甲色澤異常與身體內在及環境外在的因素有關，如表列圖示說明。

指甲色澤		形成原因
	紅色	1. 心臟功能不佳。 2. 上呼吸道疾病。
	黃色	1. 染髮劑。 2. 菸油。 3. 鱗癬。 4. 疾病：淋巴系統。
	綠色	細菌感染。
	黑色	1. 缺乏維生素B_{12}。 2. 真菌所引起。 3. 使用水銀藥膏、照像顯影劑。

指甲色澤		形成原因
	白色	1. 缺乏蛋白質。 2. 疾病：肝臟、腎臟。 3. 貧血。
	紅棕色	1. 使用含有氧化劑的指甲油。 2. 長期接觸治療青春痘的藥膏。
	棕色	慢性甲溝炎，由真菌與細菌混合引起。
	紫色	血液循環不良。
	藍色	心臟機能、血液循環不健全。

MEMO

手足護理

手部深層護理

手部深層護理工具及用品介紹

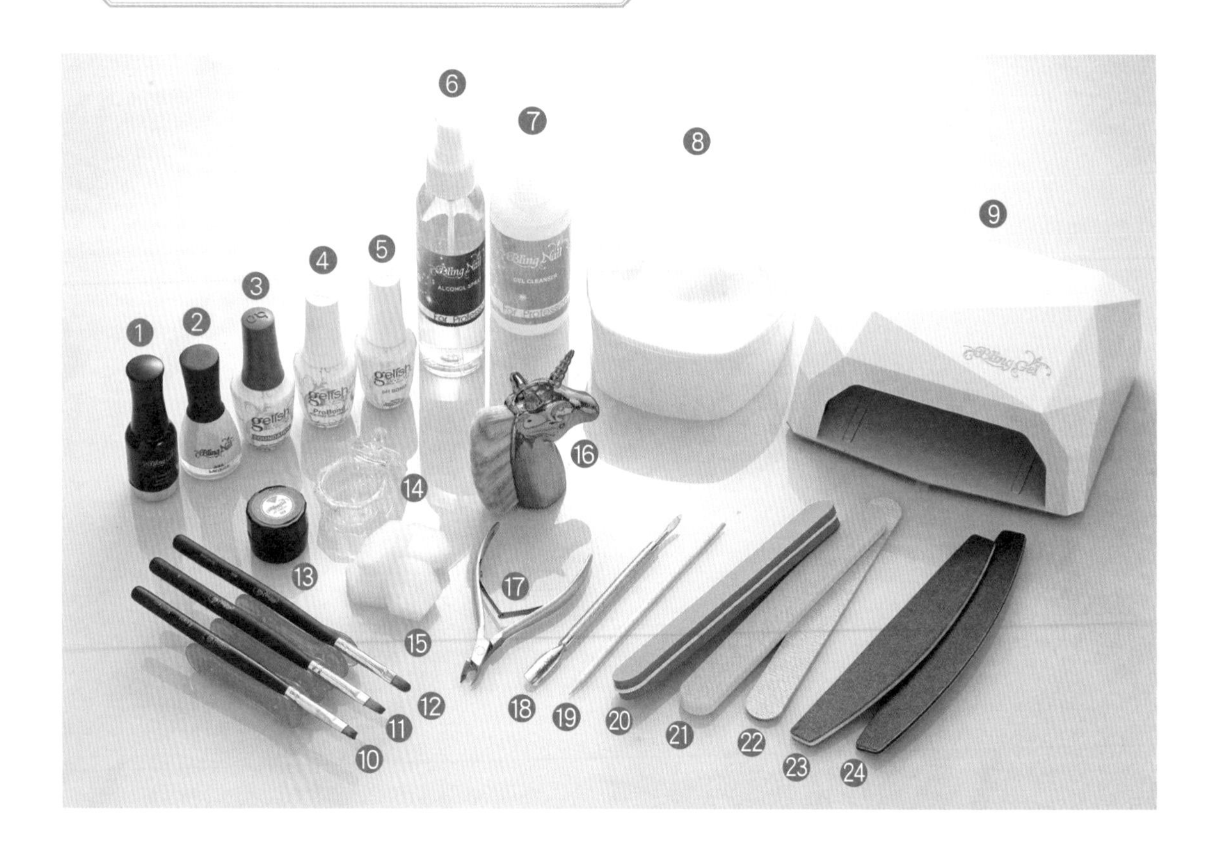

1. 鏡面上層膠	9. LED凝膠燈	17. 專業甘皮剪
2. 指緣軟化劑	10. 斜口筆	18. 鋼製推皮刀
3. 底層凝膠	11. 平筆	19. 櫸木棒
4. 接合劑	12. 橢圓筆	20. 磨甲棉
5. 防潮平衡劑	13. 紅色凝膠	21. 拋光條
6. 清香消毒劑	14. 溶劑杯	22. 木片薄銼條180°
7. 凝膠清潔劑	15. 六角海綿	23. 半月形銼條180°
8. 抗溶劑泡手盆	16. 除塵刷	24. 半月形銼條150°

4-1 雙手保養流程

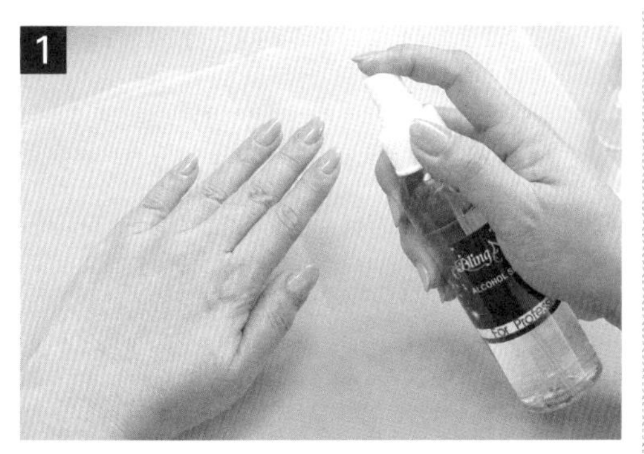

消毒自己的雙手。

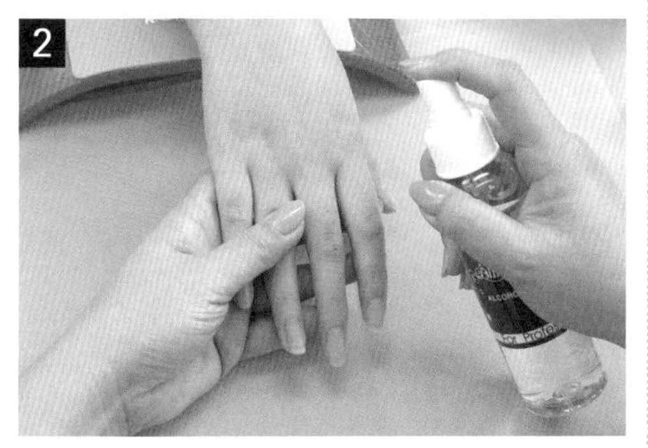

消毒模特兒的雙手。

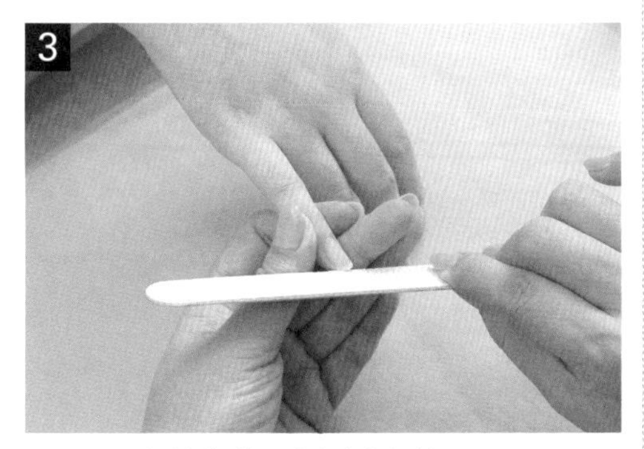

取180°磨棒作修型左側直線。

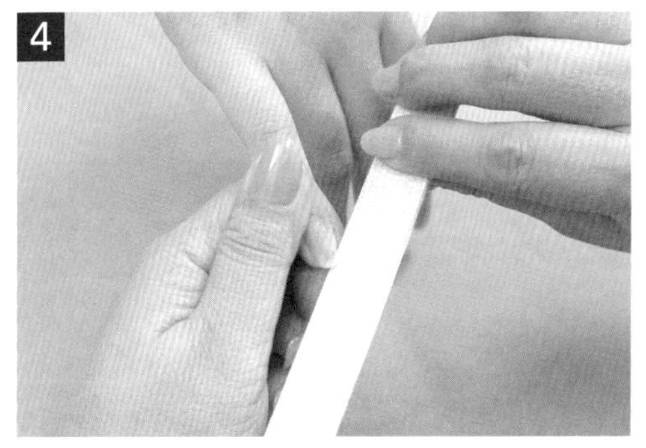

取180°磨棒作修型—右側直線。

（可參考教學影片4-1-1）

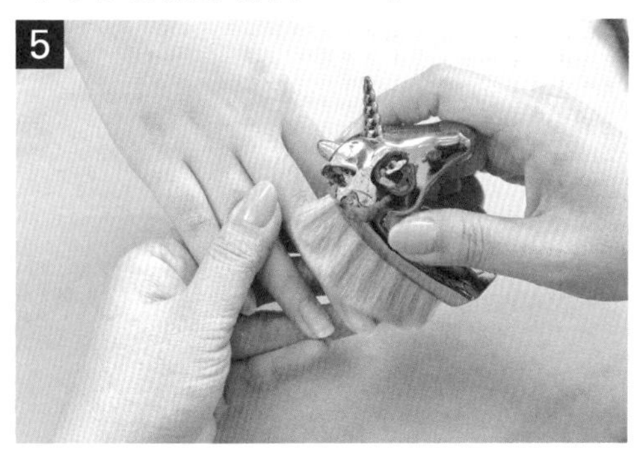

除塵刷去除指甲之粉塵。

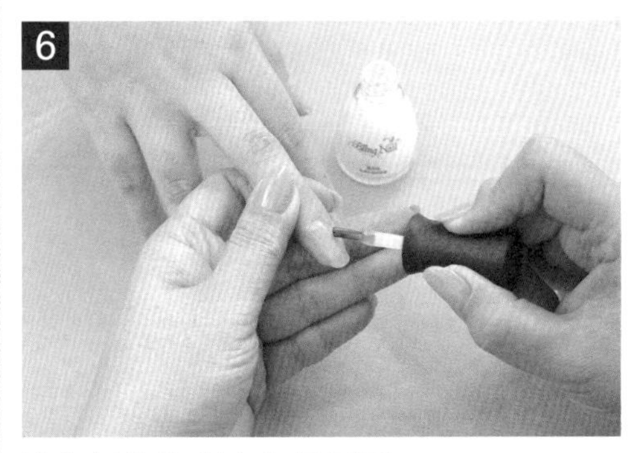

塗指緣軟化劑在指緣周圍。

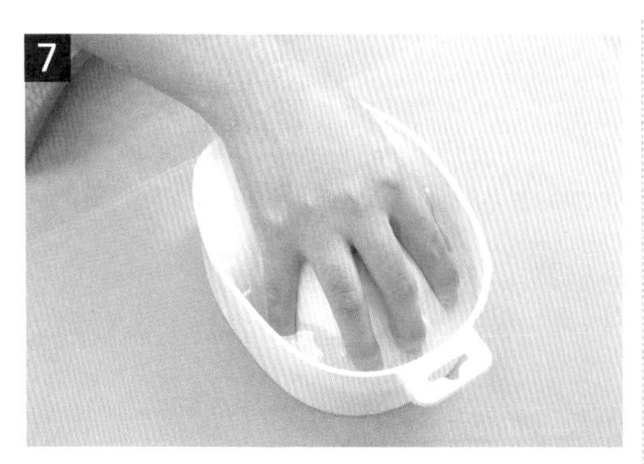

手部放入泡水盆中，浸泡3~5分鐘後，擦乾水分。

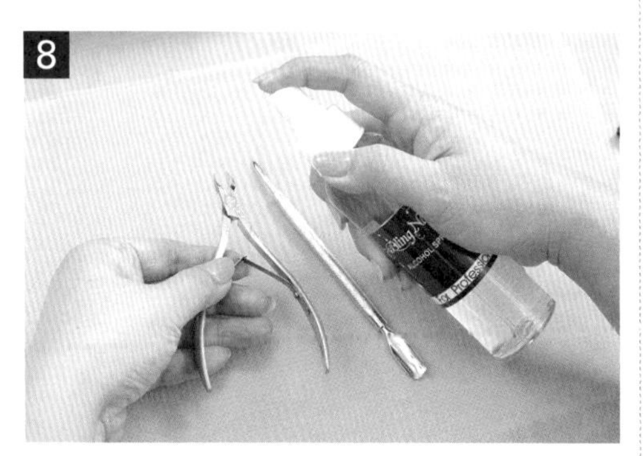

酒精消毒美甲工具（鋼推刀、甘皮剪）。

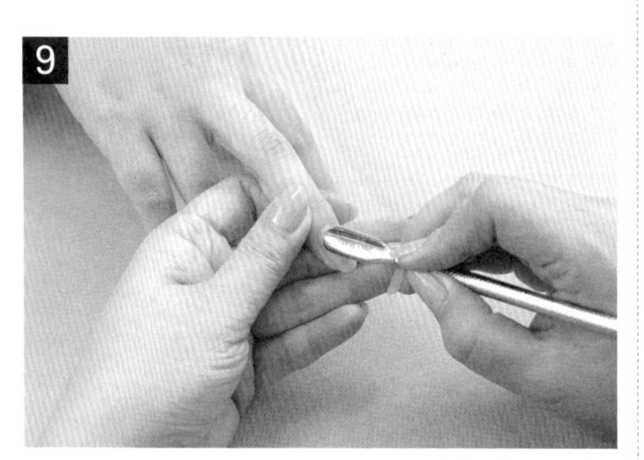

鋼推45°往上輕推甘皮。

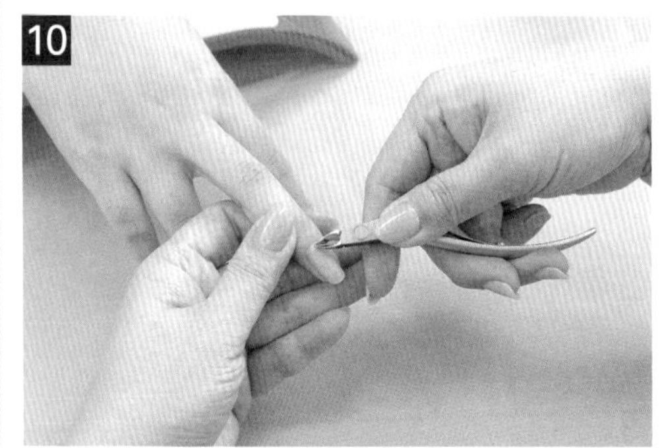

剪甘皮（握法需正確）。

（可參考教學影片4-1-2）

修磨兩側指緣皮膚。

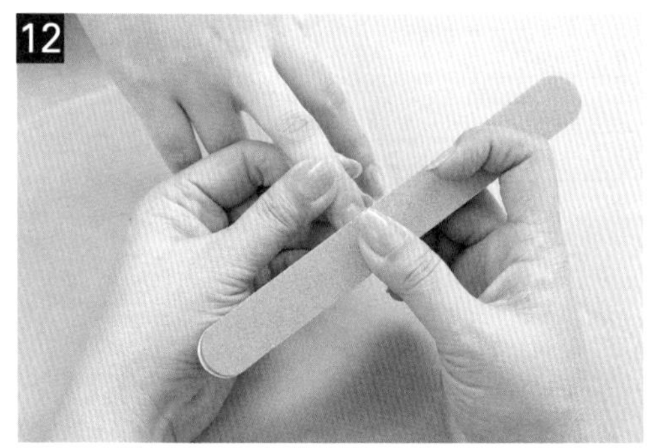

磨甲棉拋磨甲面（握法需正確，可參考教學影片4-1-3）。

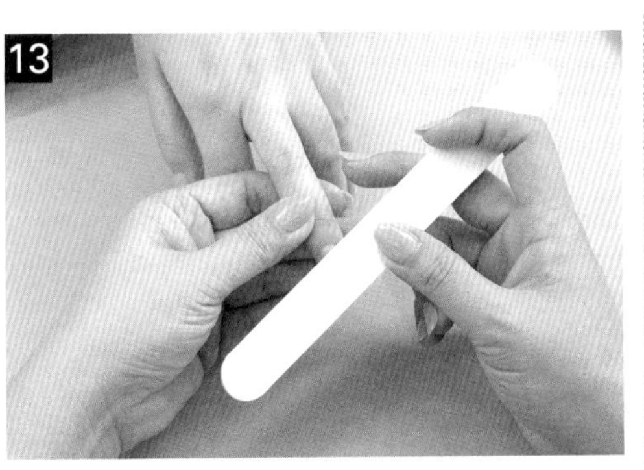

拋光甲面。（模特兒左手五指拋光）（握法需正確）

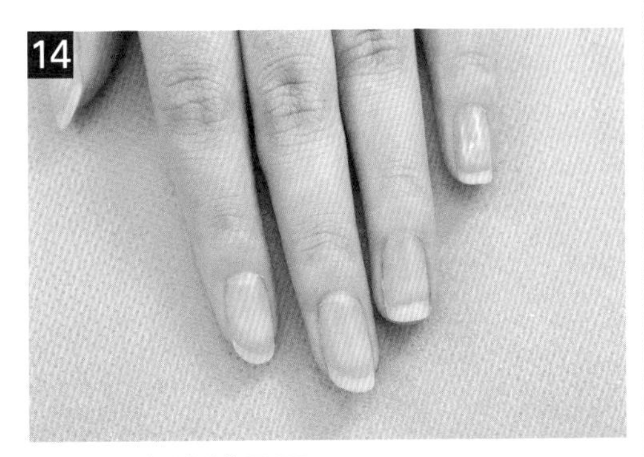

用濕紙巾擦拭甲面。

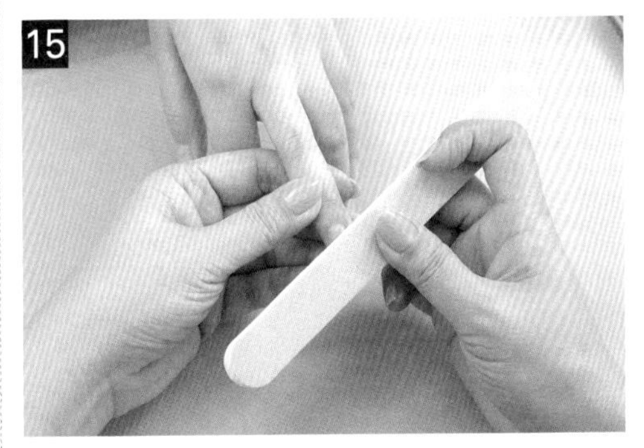

拋光甲面。（握法需正確，可參考教學影片4-1-4）

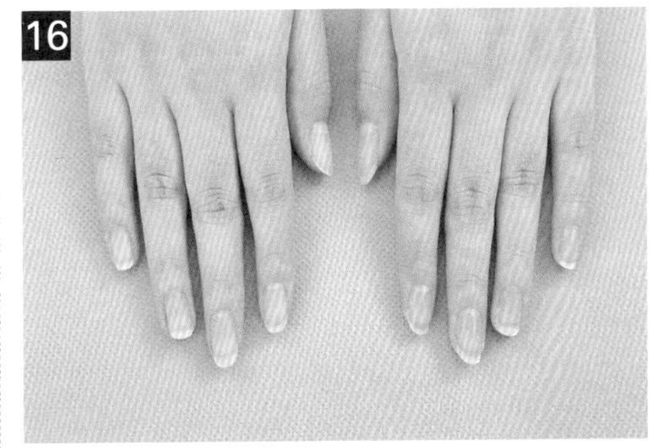

完成圖：右手磨霧甲面、左手拋光。

1. 磨棒使用時應注意安全，勿造成指緣流血。

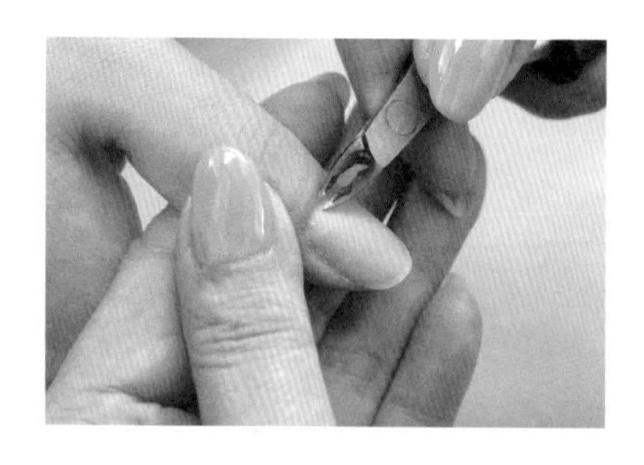

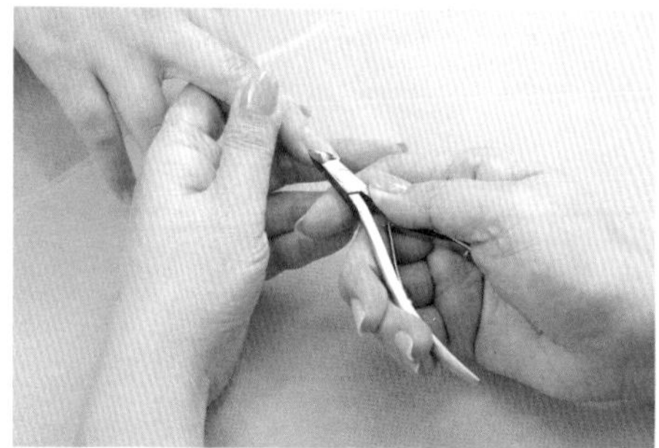

2. 指甲之修磨方向、長度與形狀的對稱性與一致性。
3. 完成後勿上指緣油。
4. 此階段完成20分鐘後，緊接下一階段完成20分鐘紅色凝膠上色。

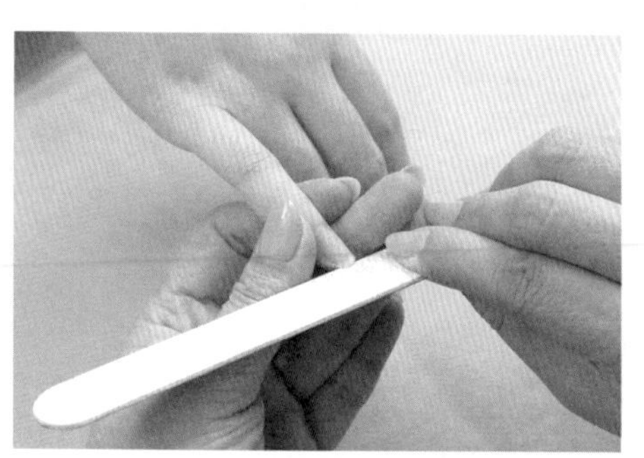

上色技巧

教學影片

模特兒右手五指上紅色凝膠，依照下列步驟：

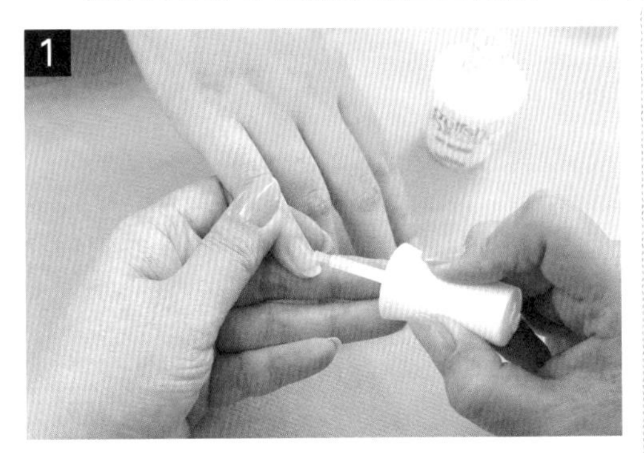

刷防潮平衡劑。

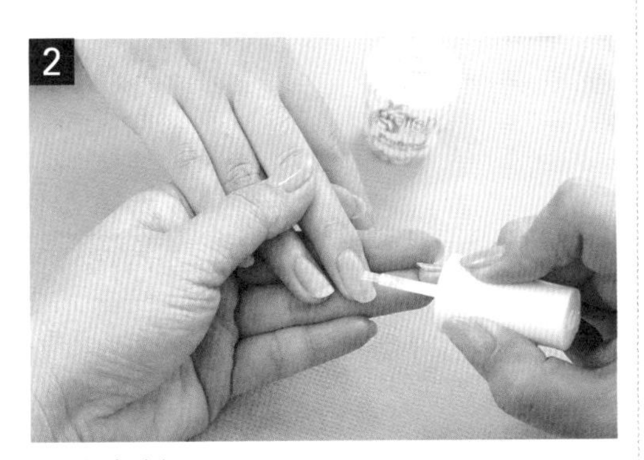

刷接合劑。

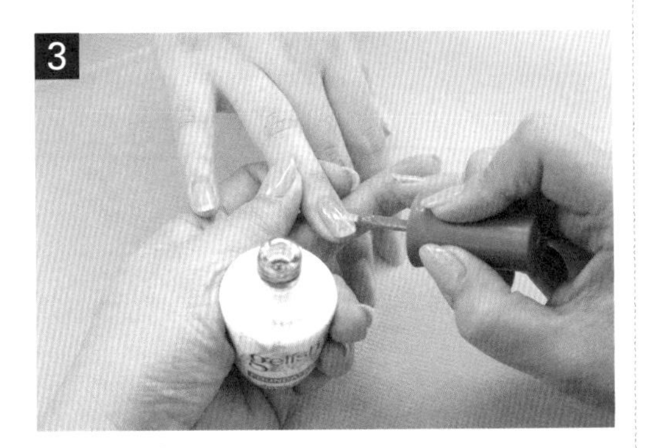

刷底層膠。

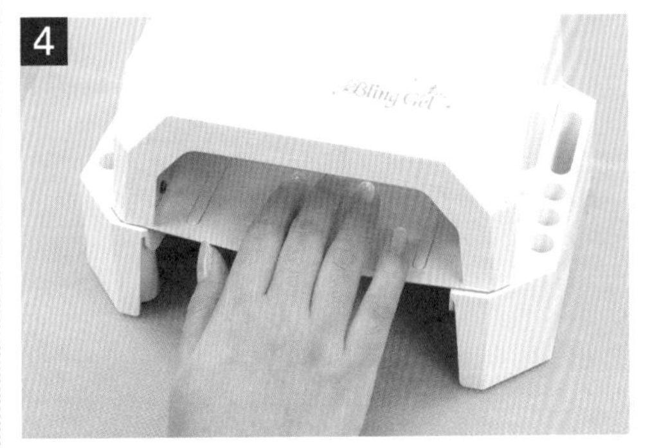

照燈約30秒。

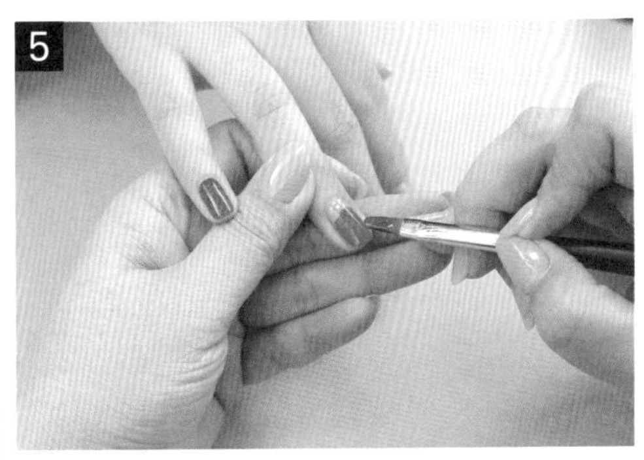

紅色凝膠第一層上色並照燈。

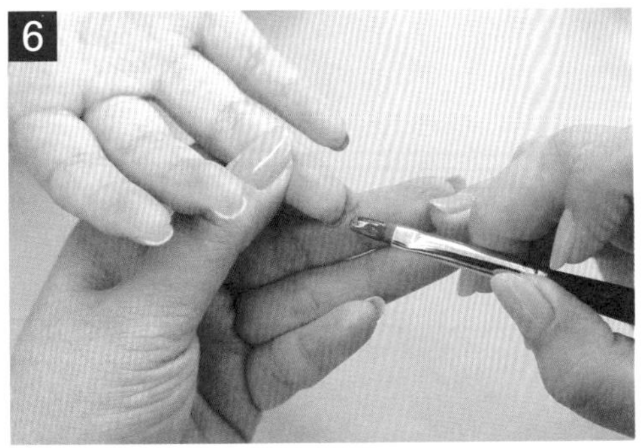

指甲前端用紅色包邊。

（可參考教學影片4-2-1）

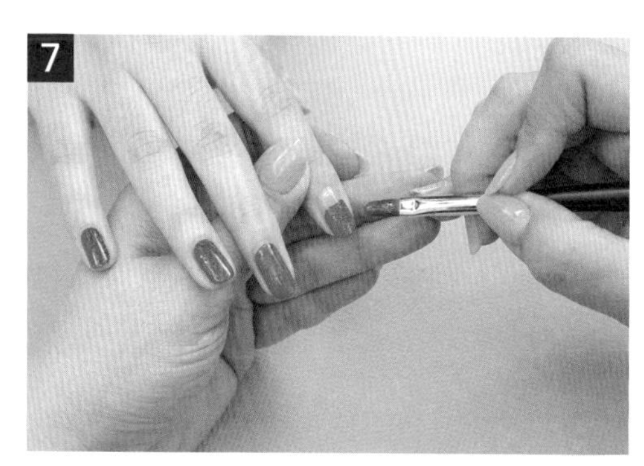

用橢圓筆刷+紅色凝膠，第二層上色，可用斜筆刷沾凝膠清潔劑拭淨指緣並照燈。

（可參考教學影片4-2-2）

刷上層膠。

（可參考教學影片4-2-3）

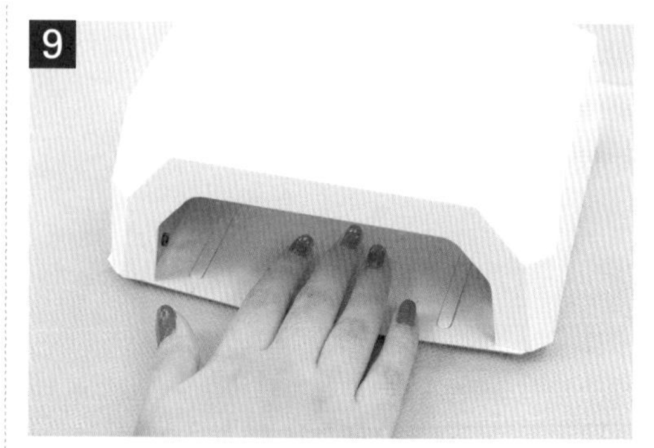

照燈60秒。（表面殘膠應清乾淨，且須完全照乾）

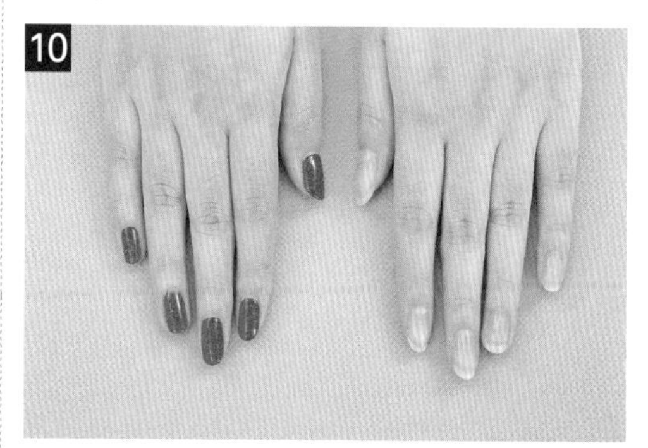

雙手完成圖。

1. 凝膠上色應注意色彩的飽和度。

2. 指緣的清潔。

3. 甲面的亮度與平整。

4-3 手部去角質

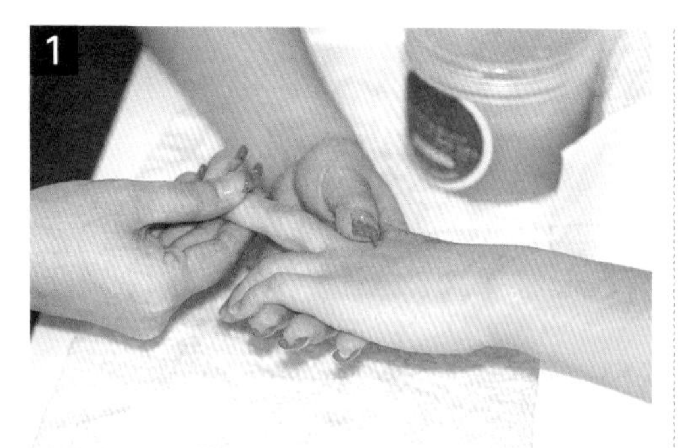
1

取去角質凝膠去除角質層。

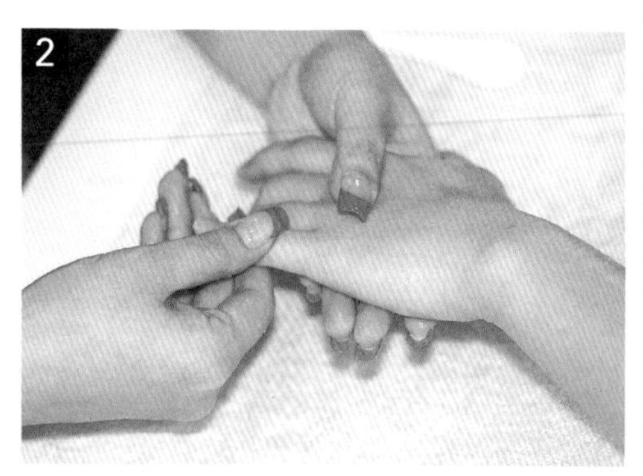
2

由指尖往上畫螺旋。

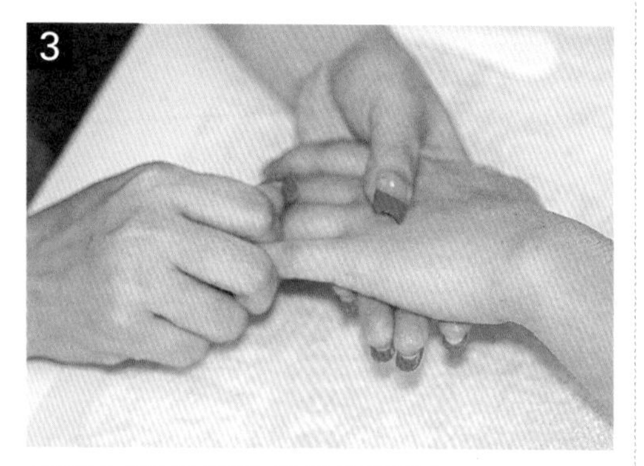
3

由拇指與食指往後往下拉滑。

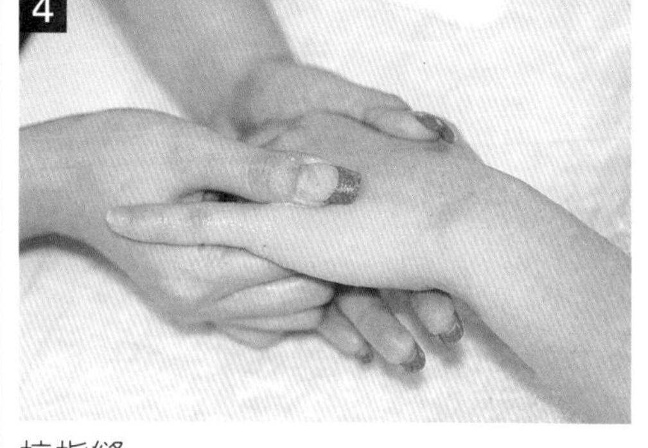
4

拉指縫。

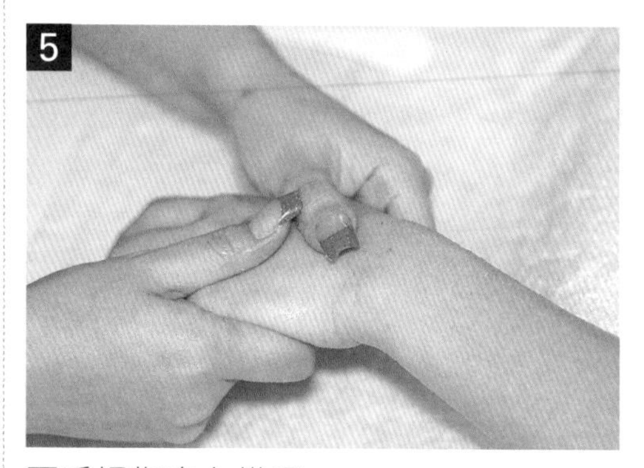
5

兩手拇指向上推滑。

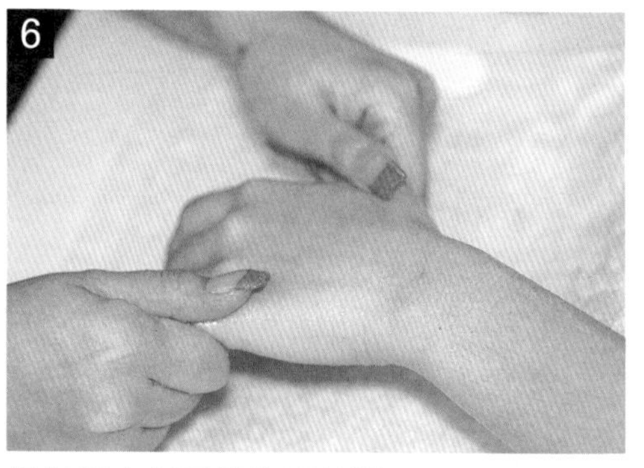
6

拇指與小指同時往下拉滑。

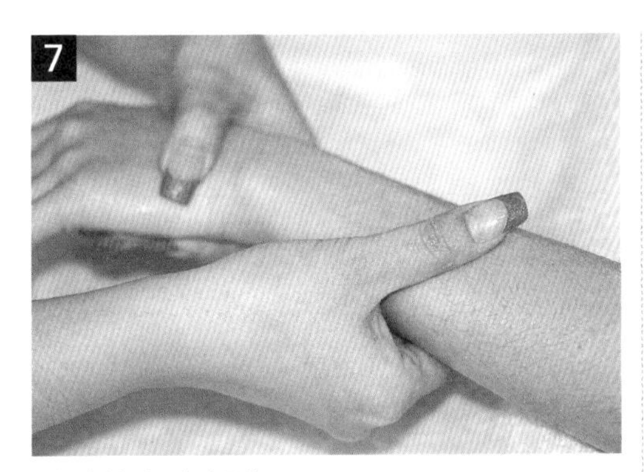

手臂往上畫螺旋。

雙手交替來回。

☆清潔時準備數片乾淨棉片擦拭，再以熱毛巾擦拭。

4-4 手部按摩

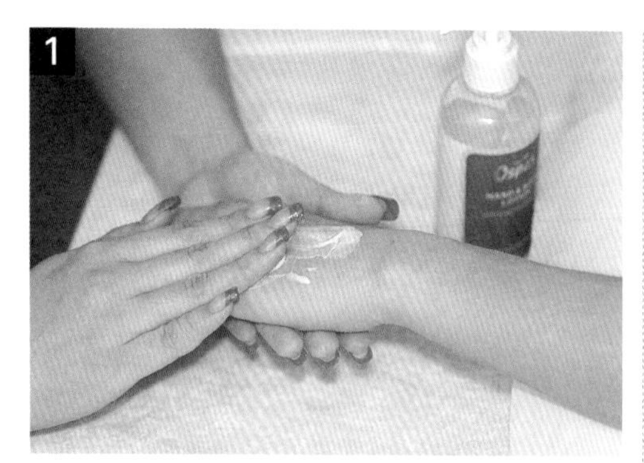

纖手香氛乳按摩手部。

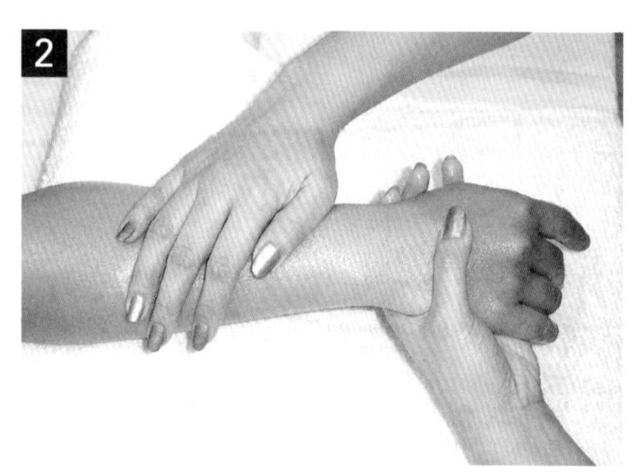

手肘以下至指尖，均勻抹上按摩油或乳液。

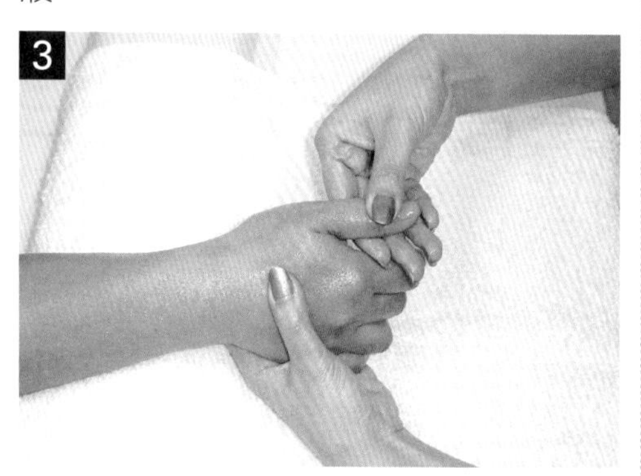

手指螺旋按摩。

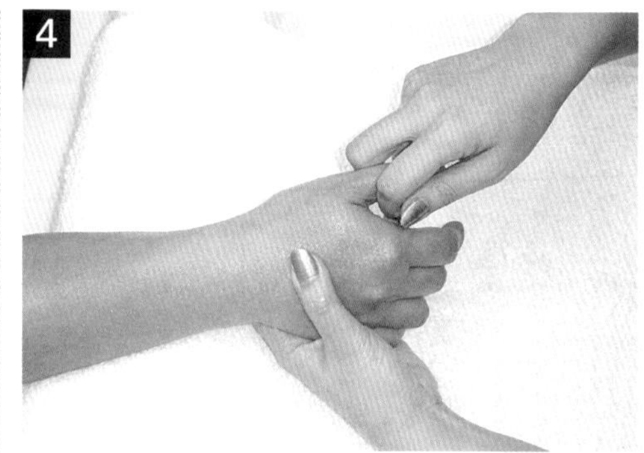

夾、壓指骨處。

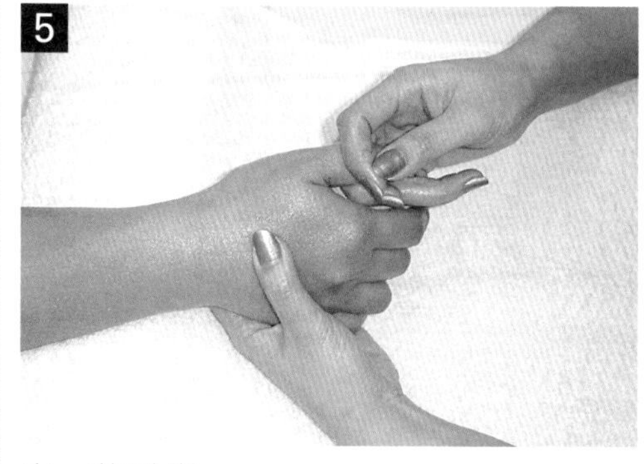

夾、放動作。

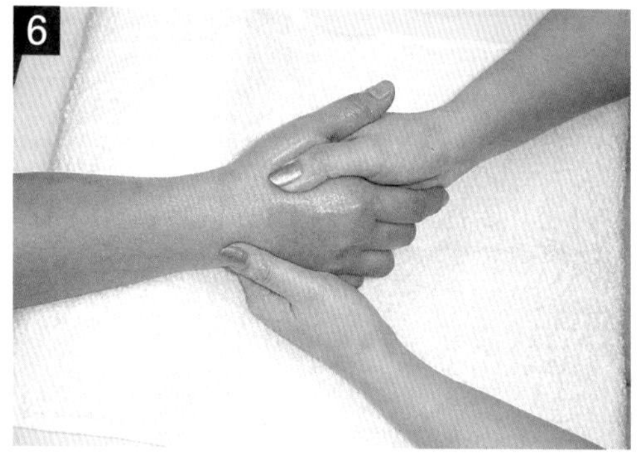

合谷穴指壓。

壓滑掌面。

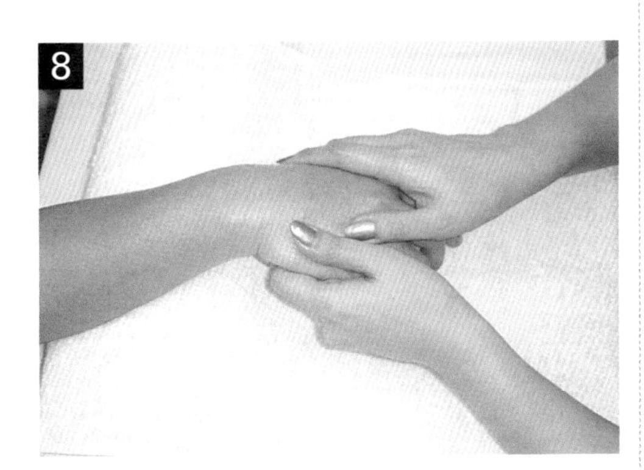

安撫動作。

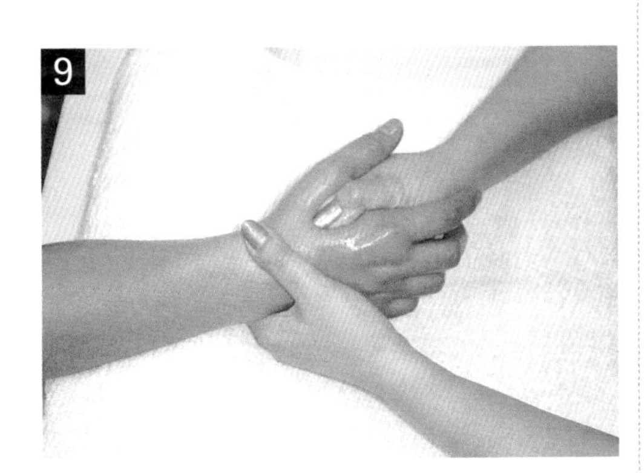

指間拉滑。

魚際穴指壓。

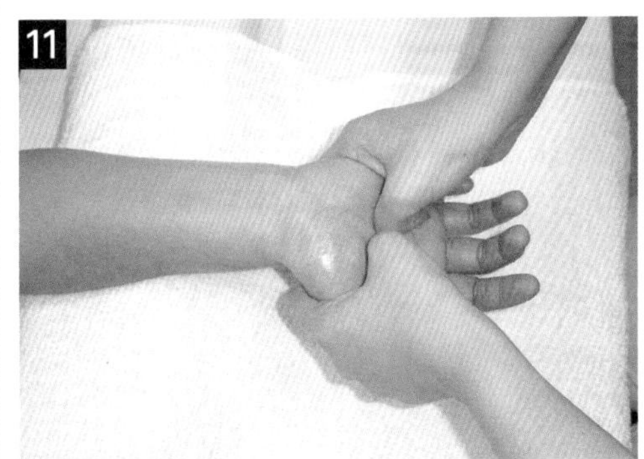

勞宮穴指壓。

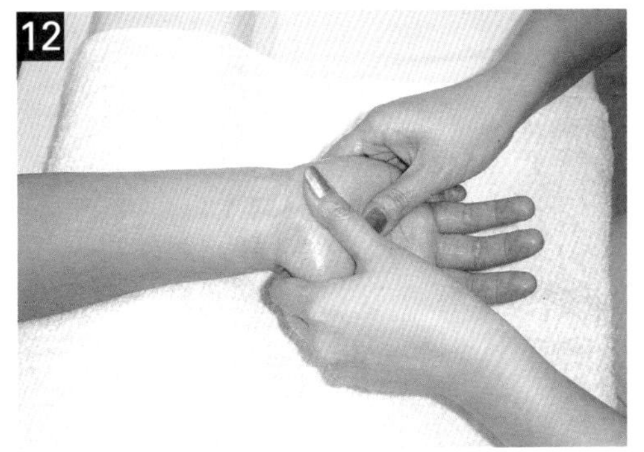

掌內推滑。

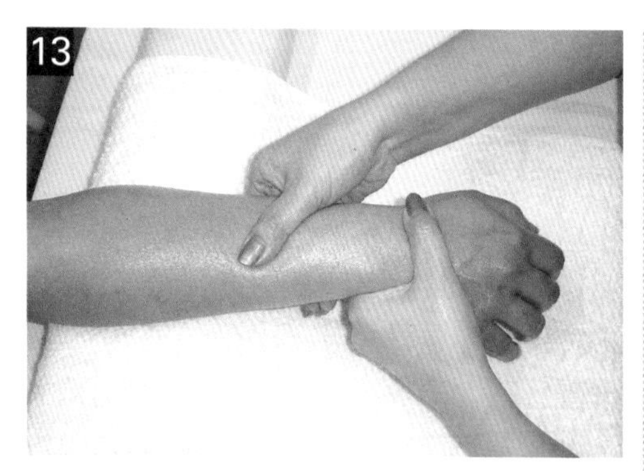

往上輕滑。

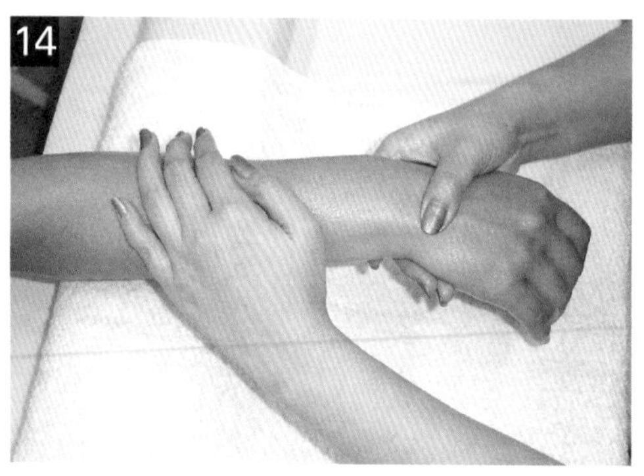

左右手交替來回。

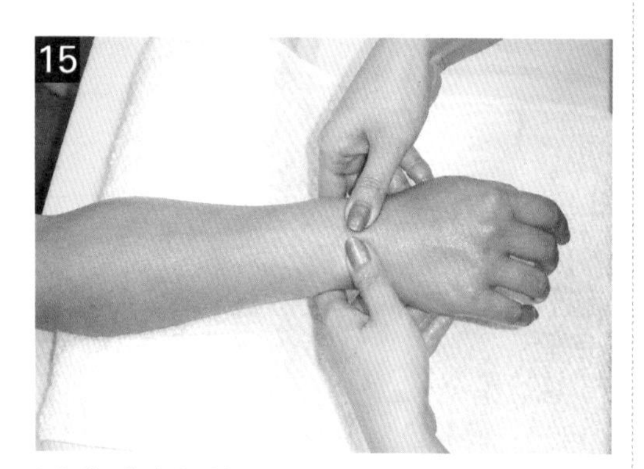

活動手腕關節。

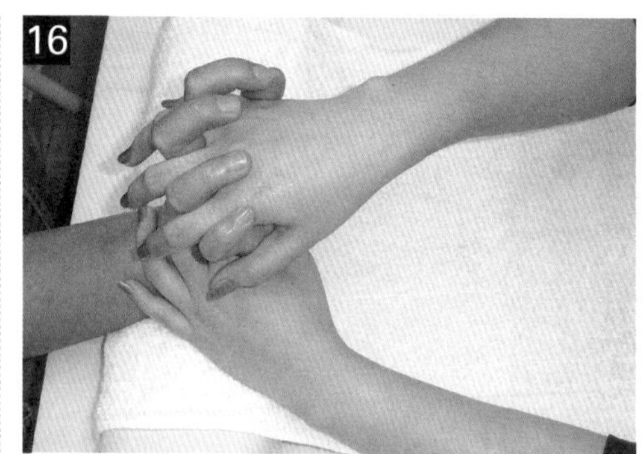

壓手掌，並往前提拉。

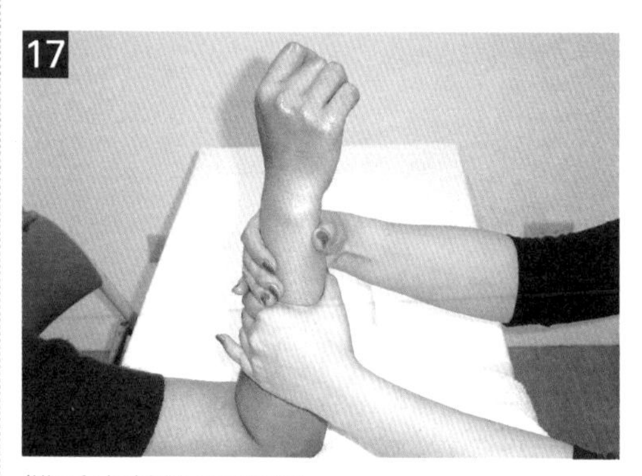

雙手交替往下按摩。

包撫動作。

4-5 手部敷膜護理

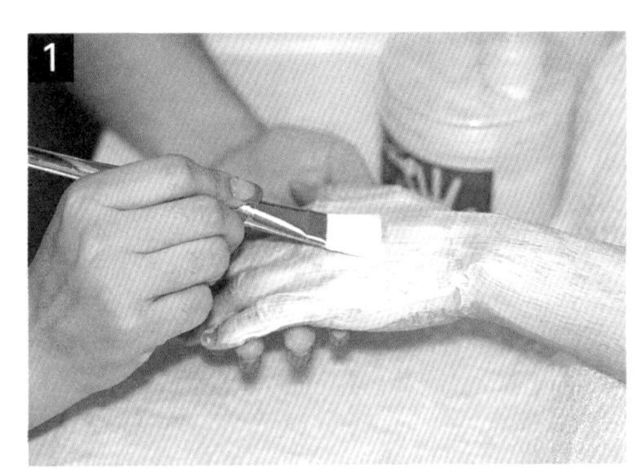

1 尼龍毛刷塗抹香氛敷膜10~20分鐘。

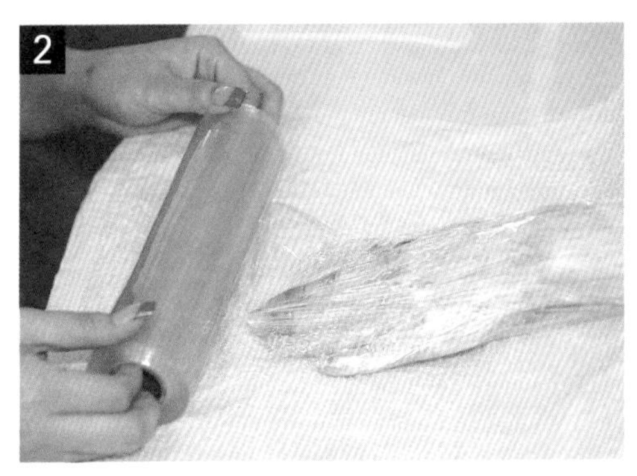

2 保鮮膜包覆手部。

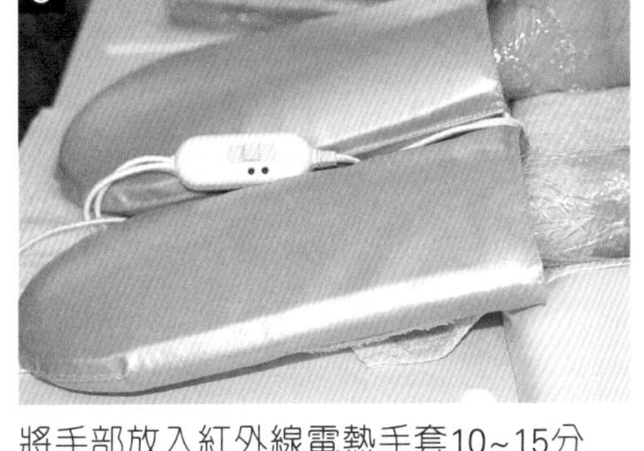

3 將手部放入紅外線電熱手套10~15分鐘。

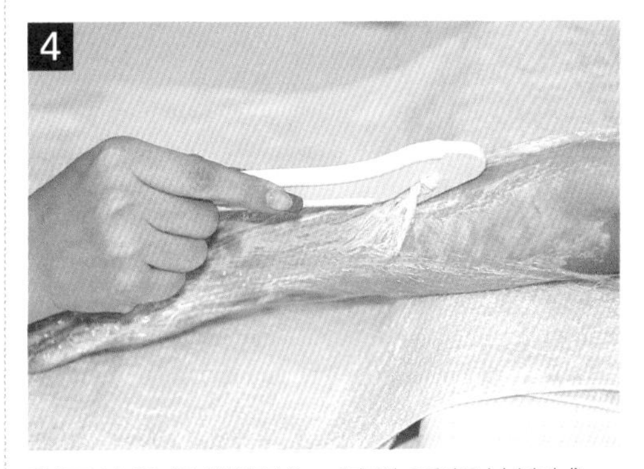

4 刮刀拉除保鮮膜後，清洗手部並擦拭乾淨。

4-6 上色護理

1

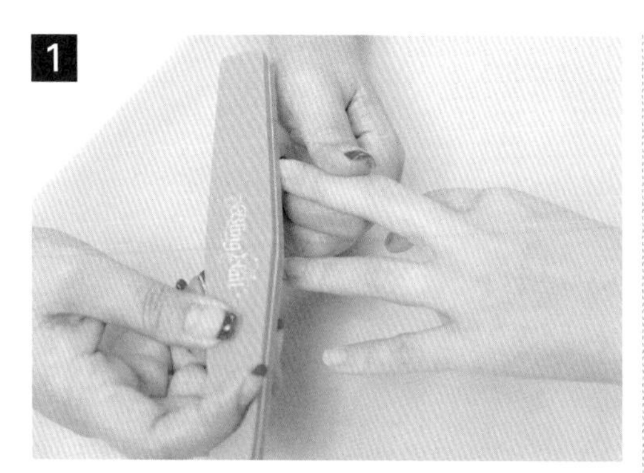

拋磨甲面。

2

拋光甲面。

3

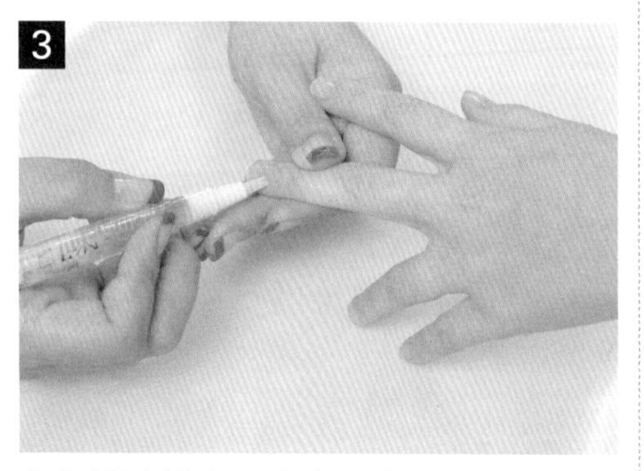

上指緣油按摩至完全吸收。

4

75%酒精擦拭手部，並以不織布去除甲面油脂。

5

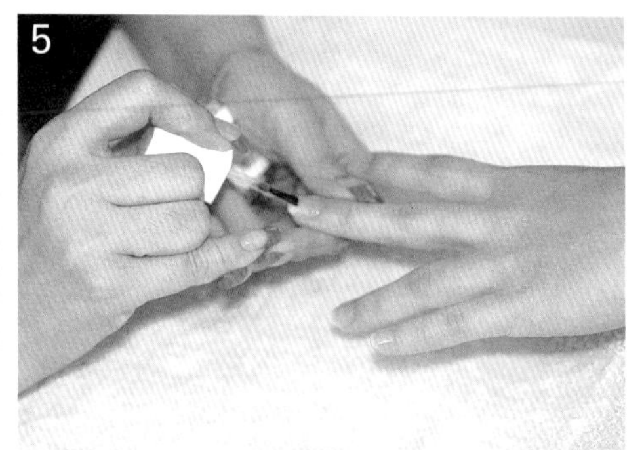

指面擦拭保濕護甲底層油。

6

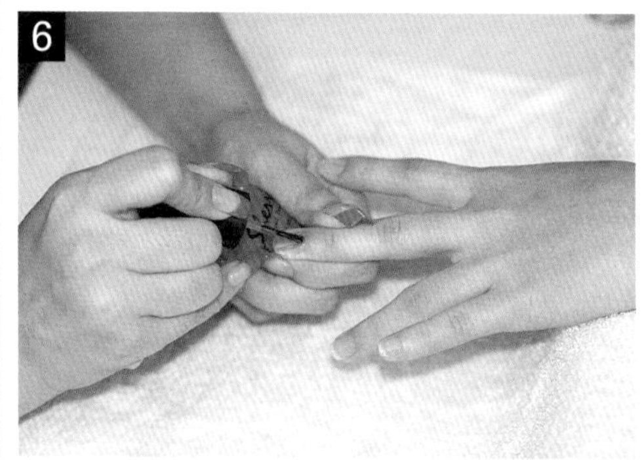

塗擦指甲油。

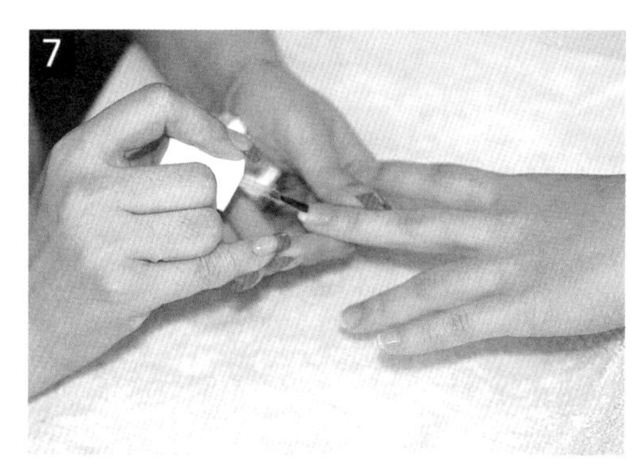

刷上亮光油。

足部深層護理

足部深層護理工具及用品介紹

1. 75%酒精
2. 去光水
3. 足部泡錠
4. 足底硬皮軟化霜
5. 磨腳棒
6. 指緣硬皮軟化劑
7. 櫸木棒
8. 棉花
9. 磨甲機
10. 去角質凝膠
11. 美足循環油
12. 美足護腳膜
13. 紅外線電子熱能腳套
14. 美足滋潤霜
15. 刮刀
16. 不織布
17. 兩面拋光棉
18. 保鮮膜
19. 指甲油
20. 尼龍毛刷

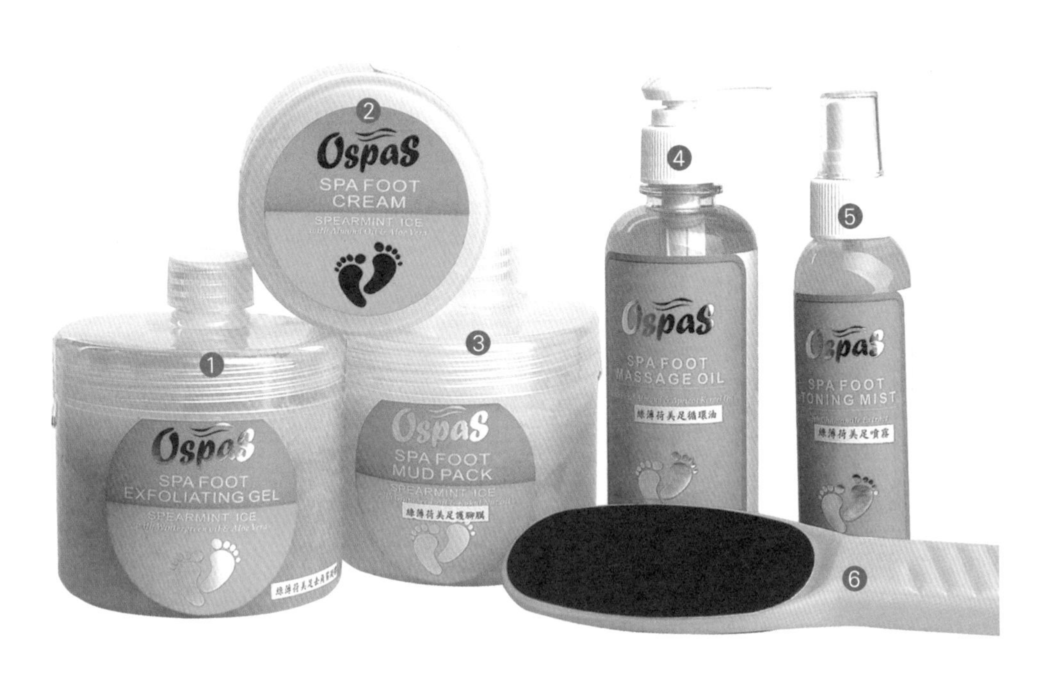

1. 美足去角質凝露
2. 滋潤霜
3. 美足腳膜
4. 美足循環油
5. 美足噴霧
6. 磨腳棒

前置護理

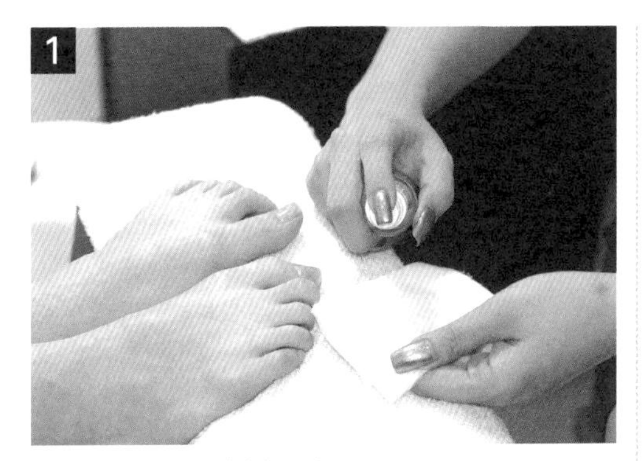

75%酒精，擦拭足部正面。

背面至小腿做消毒。

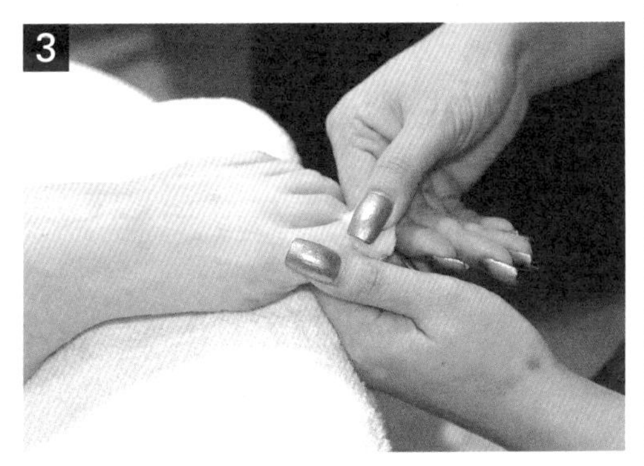

棉花沾去光水，拭淨甲面。

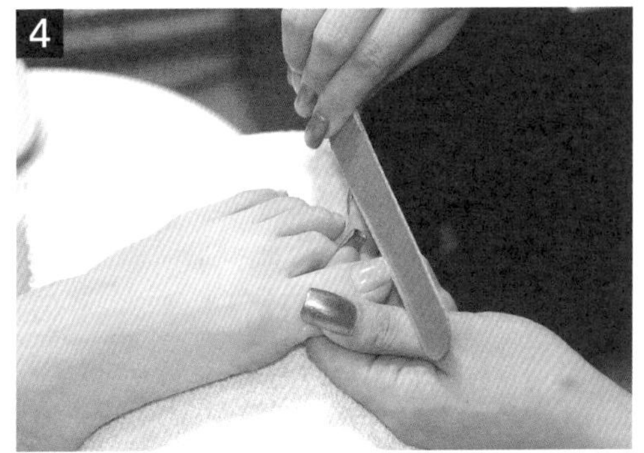

薄銼手持45°角作修型。

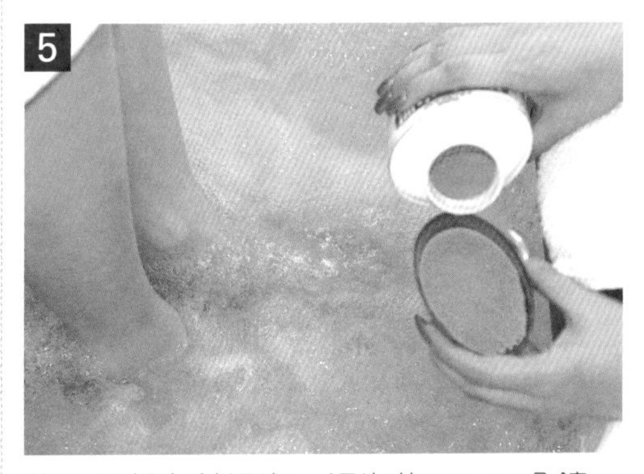

放入足部泡錠浸泡，浸泡約15~20分鐘後，擦乾足部水分。

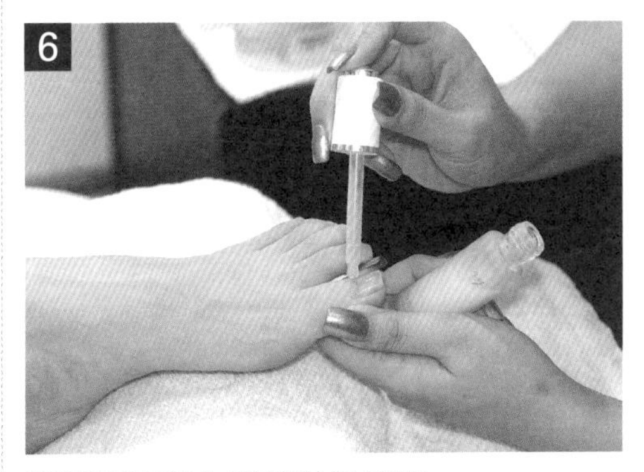

塗擦硬皮軟化劑於趾緣周圍。

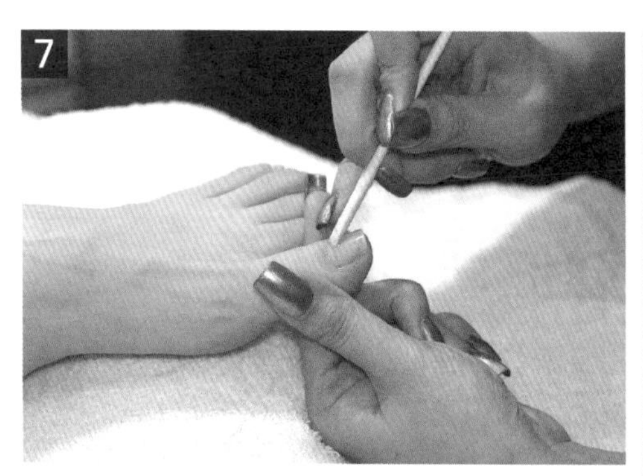

櫸木棒沾取棉花，將甲皮往上推。

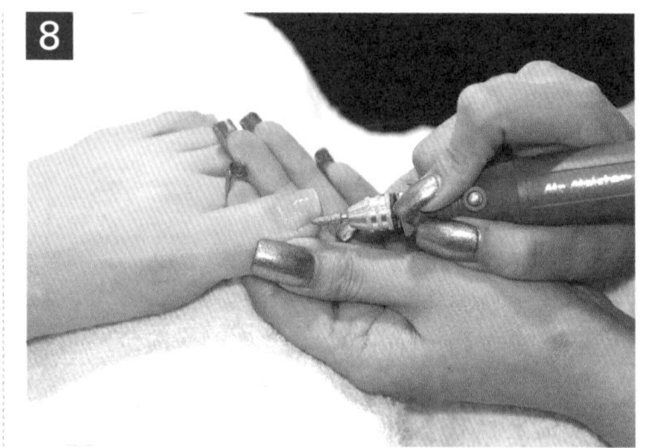

磨甲機去除趾緣甘皮及趾側硬皮部分。

5-2 足部去角質

1 擦拭足底硬皮軟化霜，以磨腳棒去除腳底之硬皮。

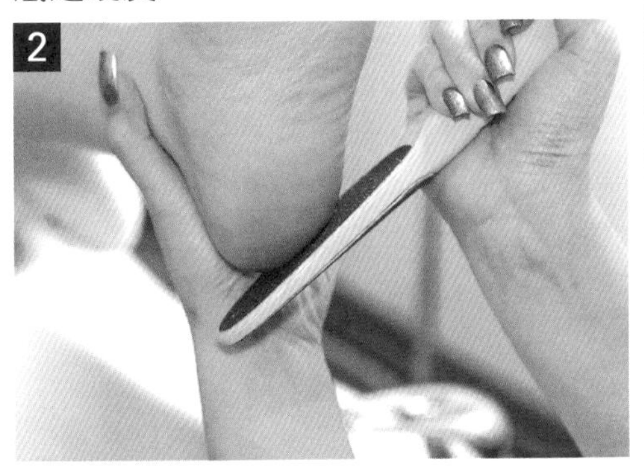

2 去除腳跟之硬皮。

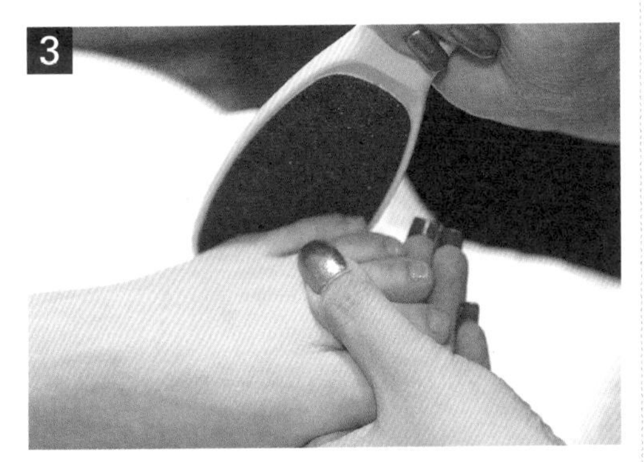

3 去除腳側之硬皮。

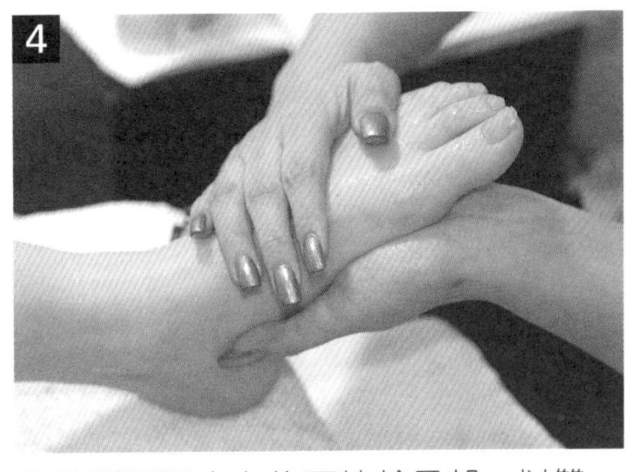

4 去角質凝膠由上往下抹於足部，以雙手由上往下去角質。

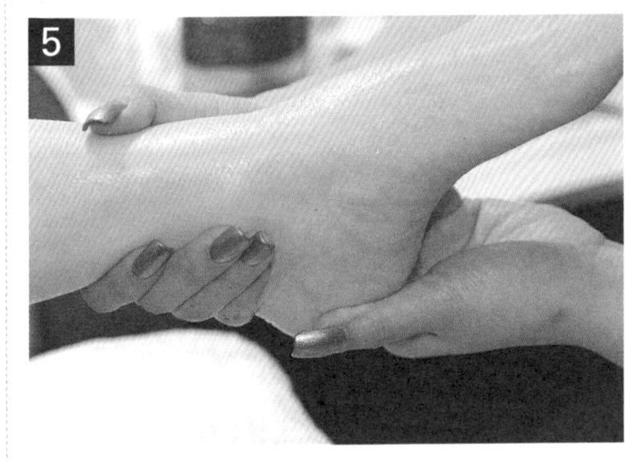

5 拇指繞圈搓揉腳跟。

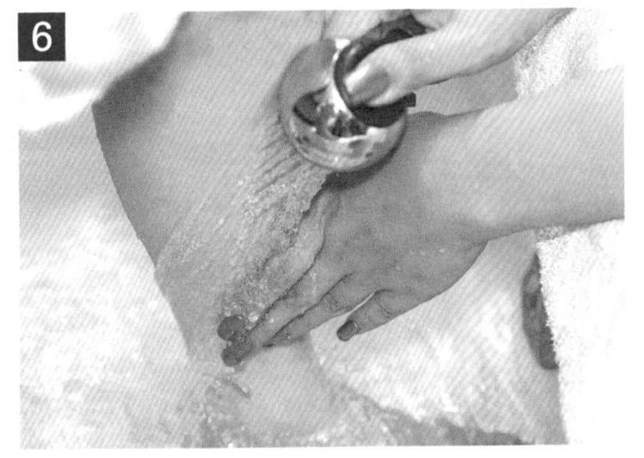

6 將去除的角質沖洗乾淨。

5-3 足部按摩

1 均勻塗抹美足循環油。

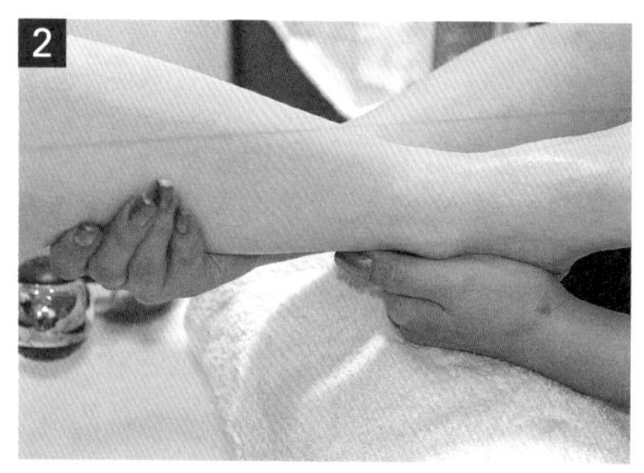

2 全掌往上推滑，另一手下拉。

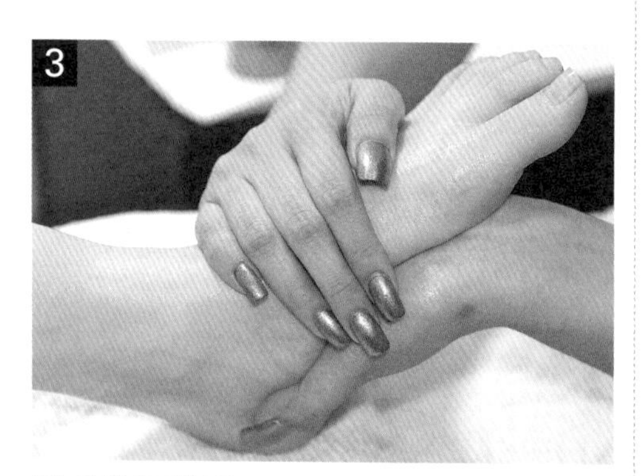

3 雙手往下推滑。

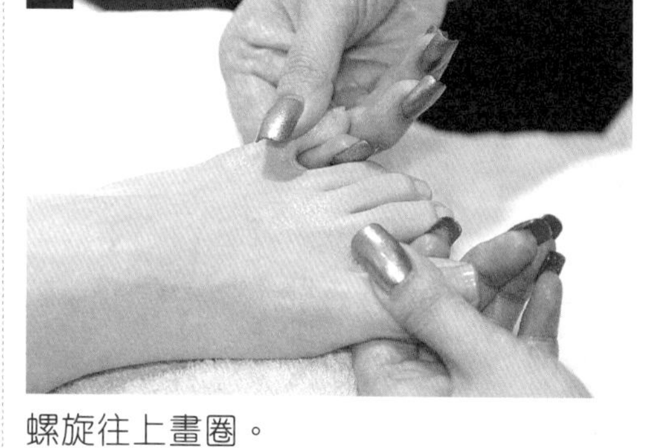

4 螺旋往上畫圈。

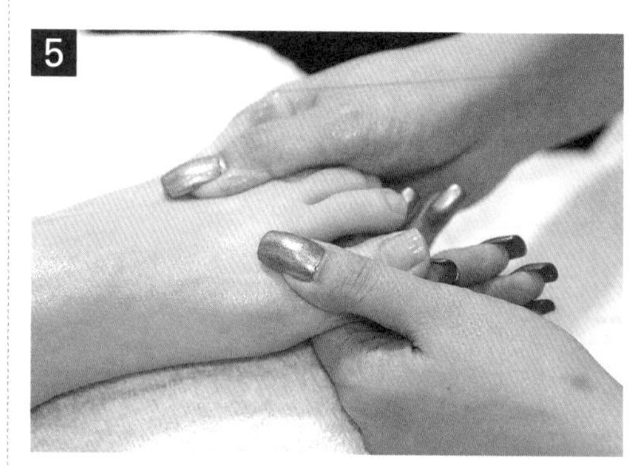

5 往下拉趾縫。

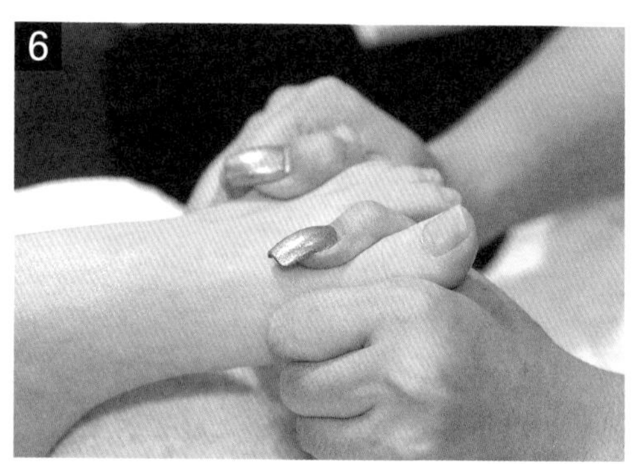

6 雙手拇指扣住，滑動腳趾側面皮膚。

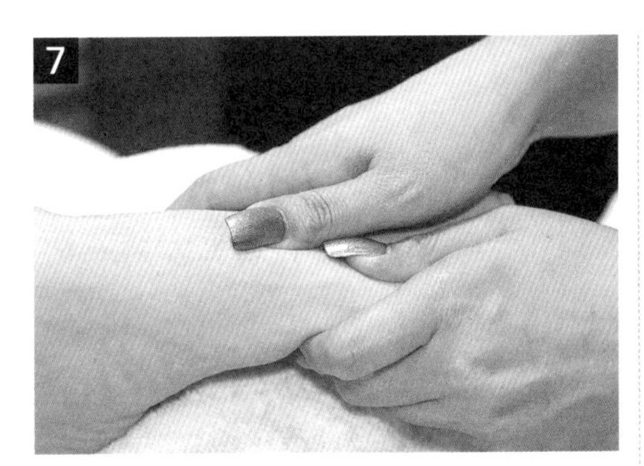

雙手拇指交替向上推。

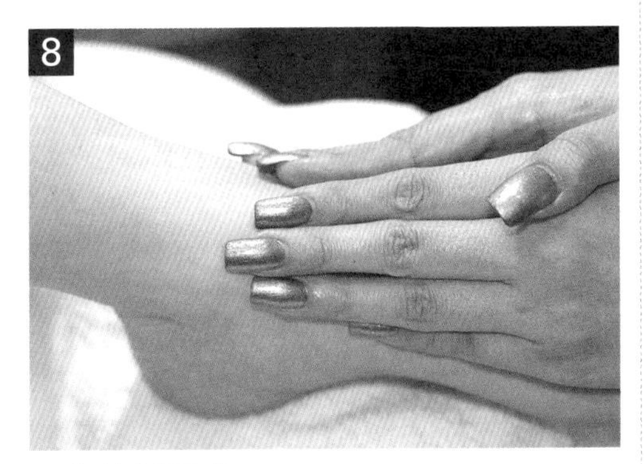

四指繞腳踝處。

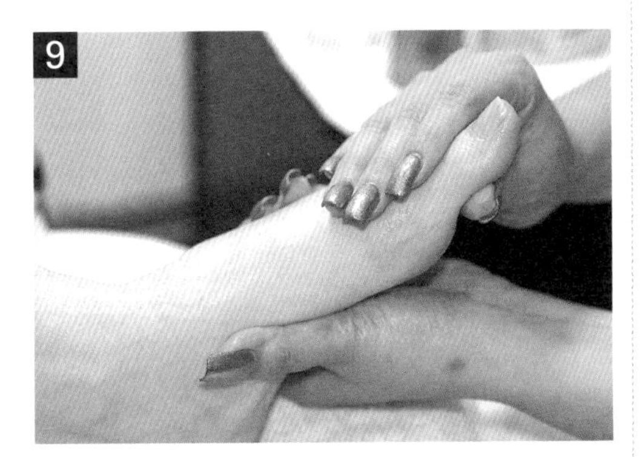

腳跟處往下推滑。

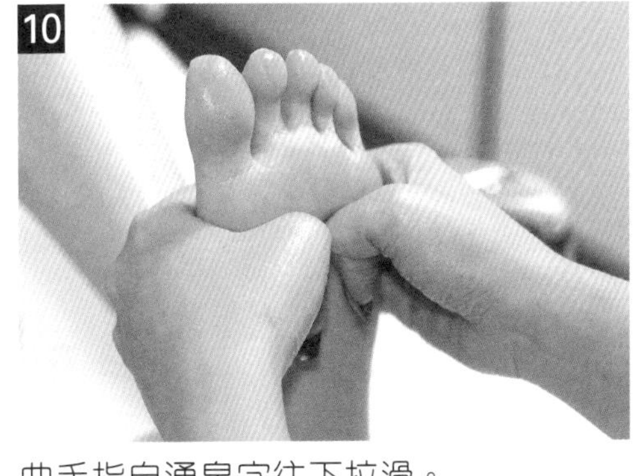

曲手指自湧泉穴往下拉滑。

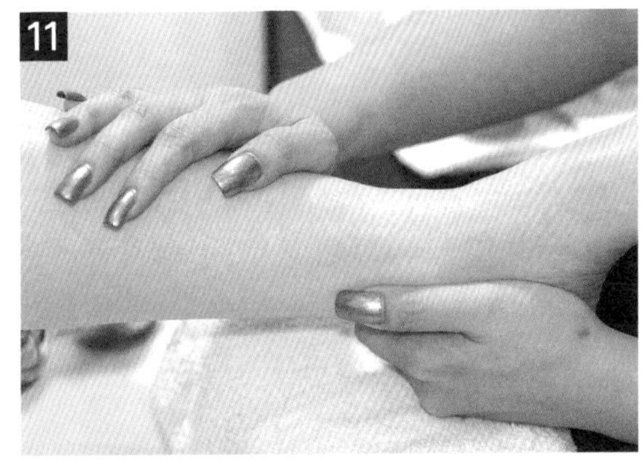

包撫動作。

5-4 足部敷膜護理

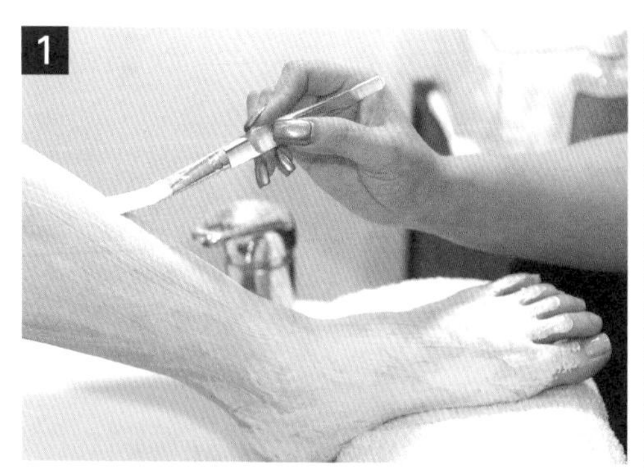

尼龍毛刷塗抹美足護腳膜15~20分鐘後，用保鮮膜包覆足部。

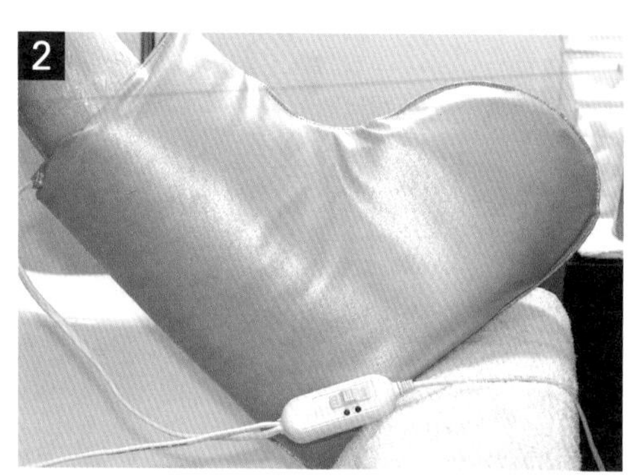

將足部放入紅外線電子熱能腳套10~15分鐘。

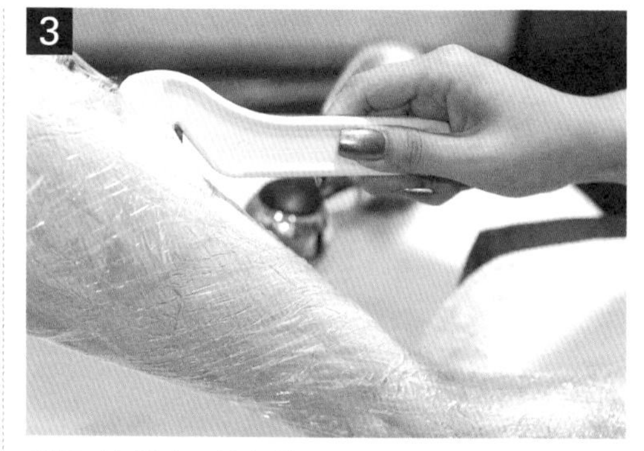

刮刀拉除保鮮膜後清洗足部，並擦拭乾淨。

5-5 指甲油上色護理

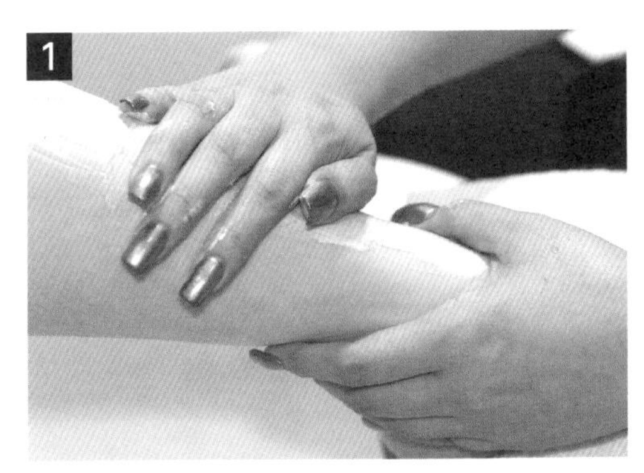

塗抹美足滋潤霜。

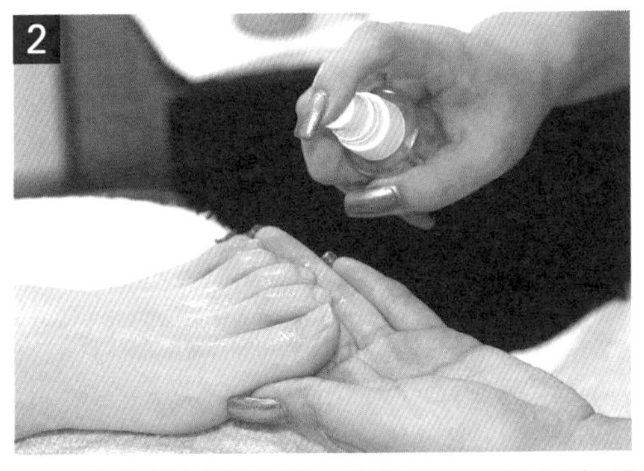

75%酒精擦拭足部，並以不織布去除甲面油脂。

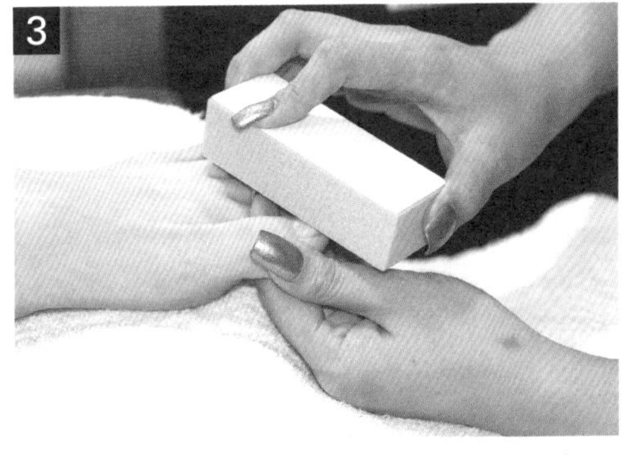

兩面拋光棉由粗糙面至細緻面的順序來操作。

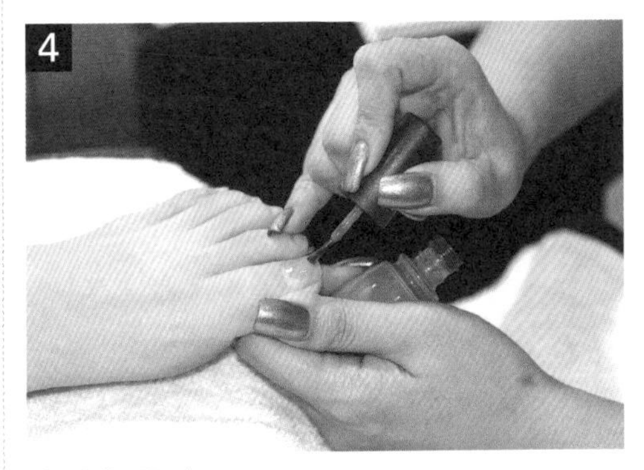

塗擦指甲油。

MEMO

美甲設計

美甲彩繪
NAIL ART
專業凝膠設計與護理

06
CHAPTER

卸甲技巧及
漸層凝膠設計

卸甲及漸層凝膠設計工具及用品介紹

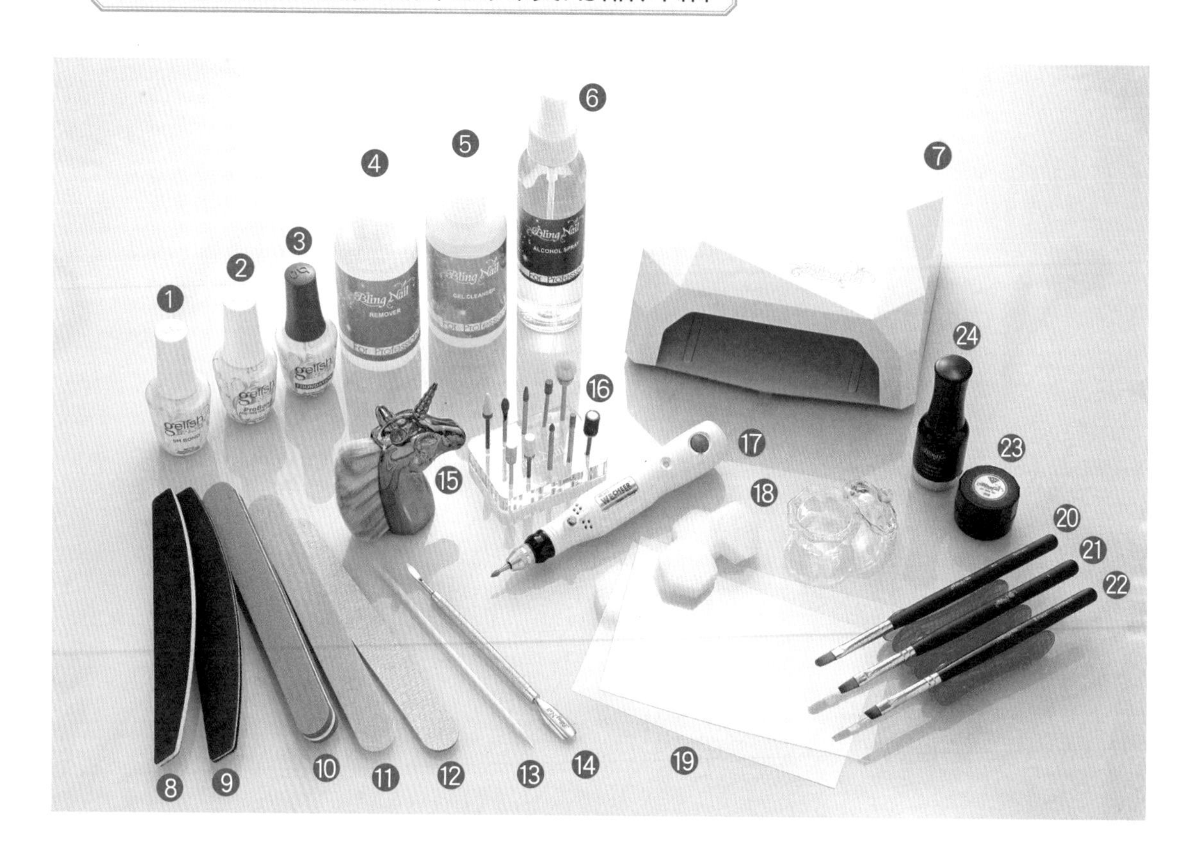

1. 防潮平衡劑
2. 接合劑
3. 底層凝膠
4. 卸甲劑
5. 凝膠清潔劑
6. 清香消毒劑
7. LED凝膠燈
8. 半月形銼條180°
9. 半月形銼條150°
10. 磨甲棉
11. 拋光條
12. 木片薄銼條180°
13. 櫸木棒
14. 鋼製推皮刀
15. 除塵刷
16. 磨頭組
17. 磨甲機
18. 六角海綿
19. 調色膠片
20. 橢圓筆
21. 平筆
22. 斜筆
23. 紅色凝膠
24. 鏡面上層膠

6-1 卸甲技巧（右手）

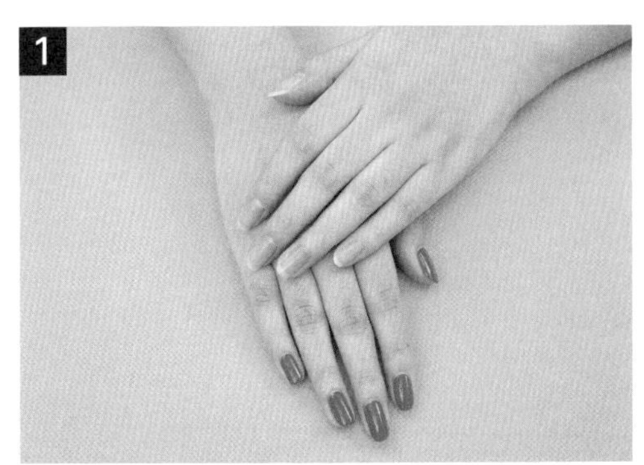

右手紅色凝膠。

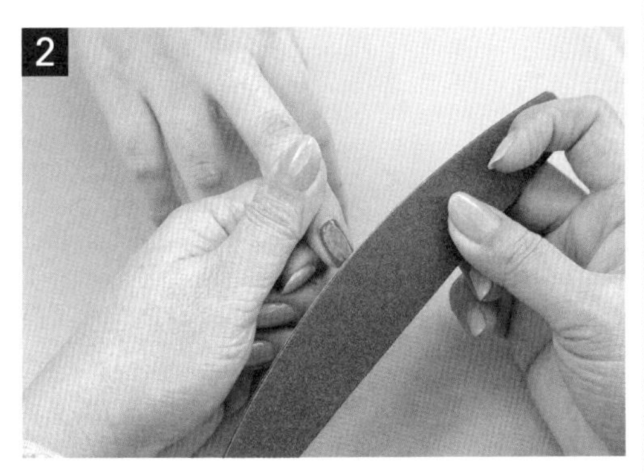

銼條150°拋磨甲面之上層凝膠。
（可參考教學影片6-1-1）

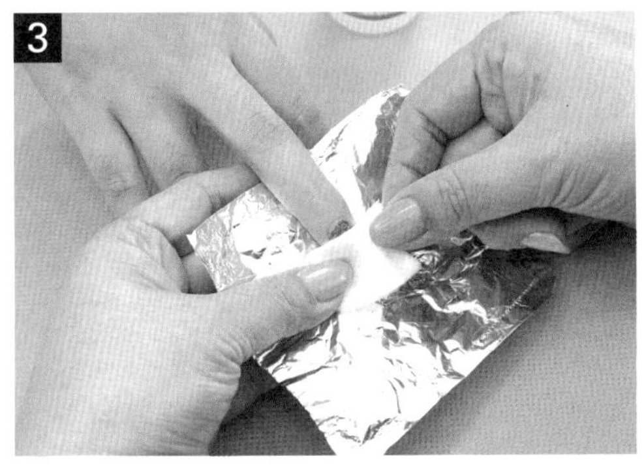

化妝棉沾卸甲劑貼於甲面上，再以鋁箔紙包覆，靜待10分鐘。
（可參考教學影片6-1-2）

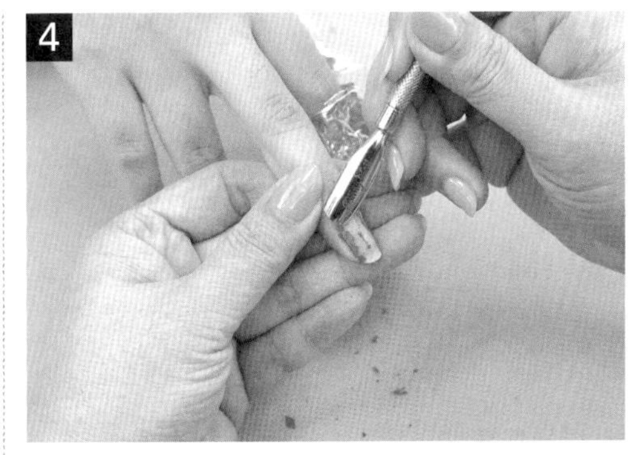

鋼推刀將軟化的凝膠推除。

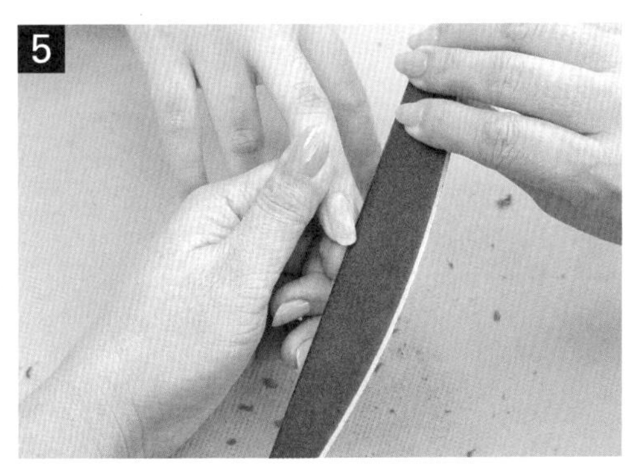

銼條180°修指甲形狀。

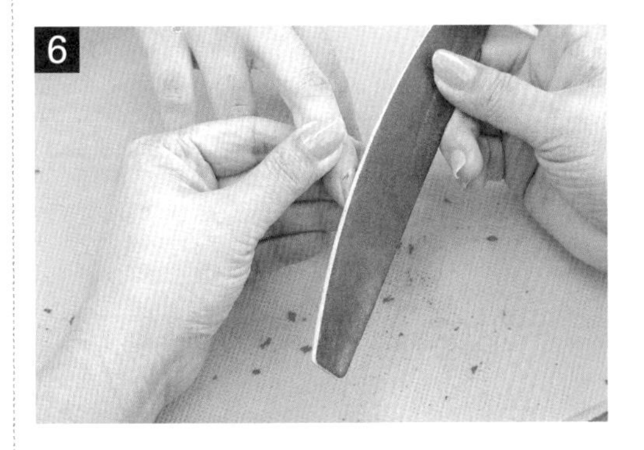

銼條180°磨除甲面殘膠。

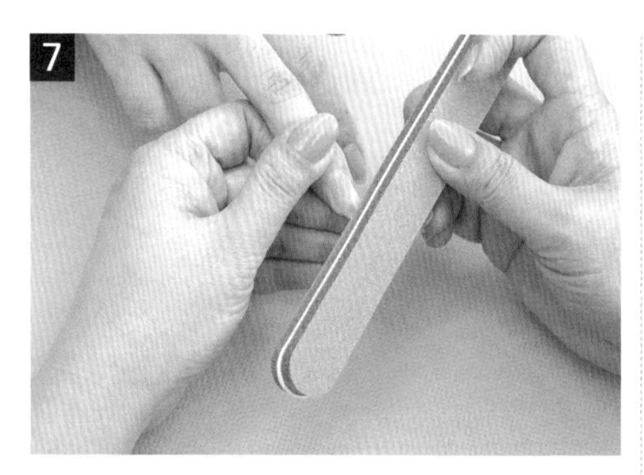

磨甲棉修磨甲面。

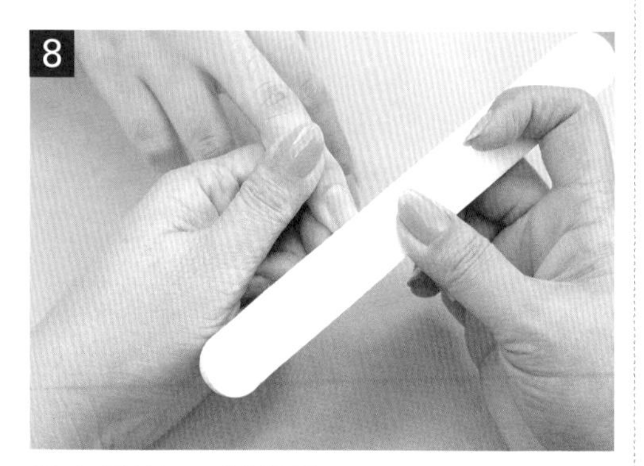

抛光甲面。（綠面）

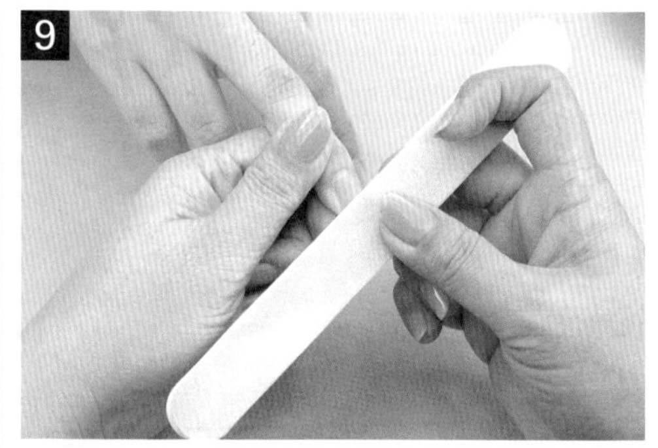

抛光甲面。（白面）

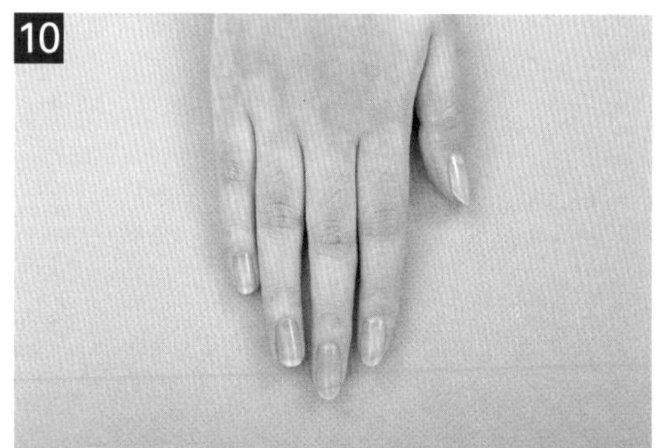

完成圖。

小叮嚀

1. 卸甲方式不限制，可浸泡及包覆或使用磨甲機皆可。（可參考教學影片6-1-3）

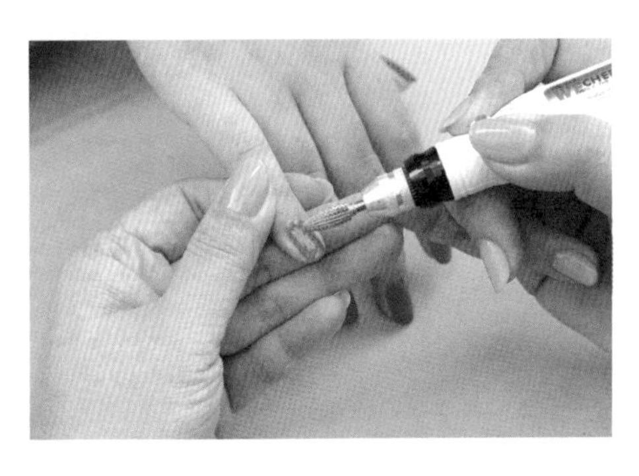

2. 注意拋光甲面之亮度與平滑度。
3. 完成後勿上指緣油。
4. 卸甲劑以鋁箔紙包覆，靜待10分鐘，接著操作左手凝膠單色漸層設計。

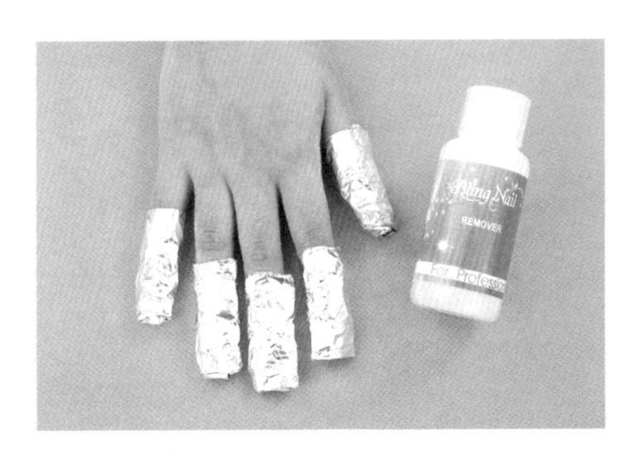

6-2 凝膠單色漸層設計（左手）

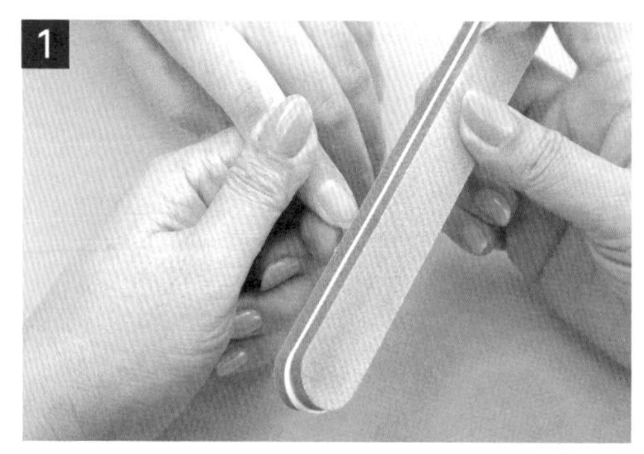

磨甲棉先磨霧甲面。

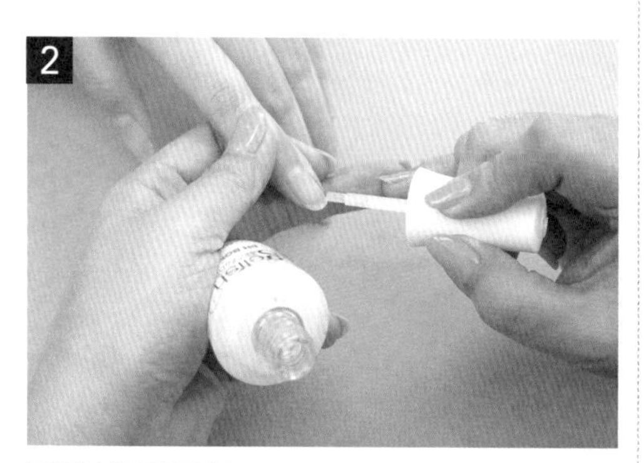

刷防潮平衡劑。

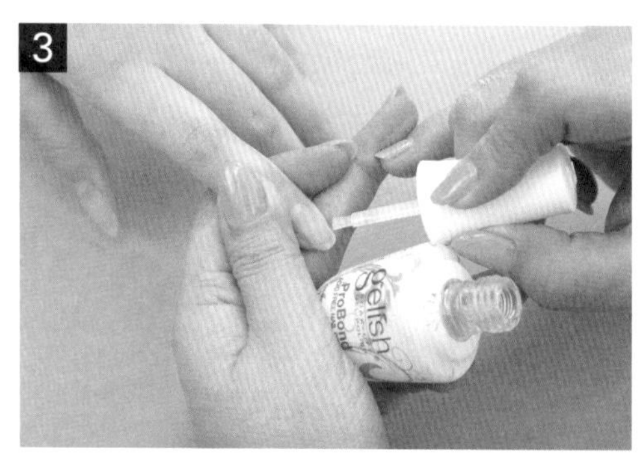

刷接合劑。

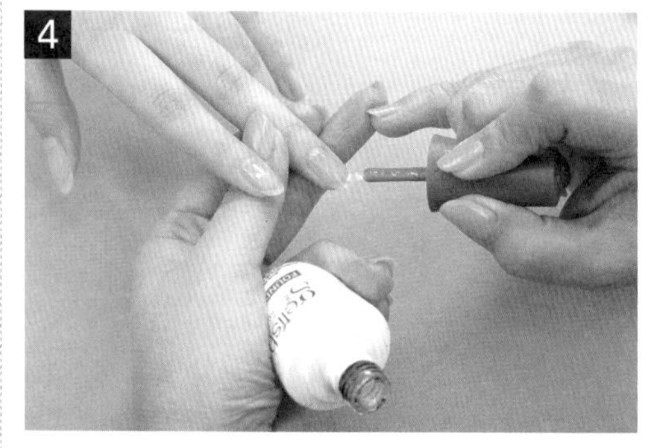

刷底層膠，照燈約30秒。

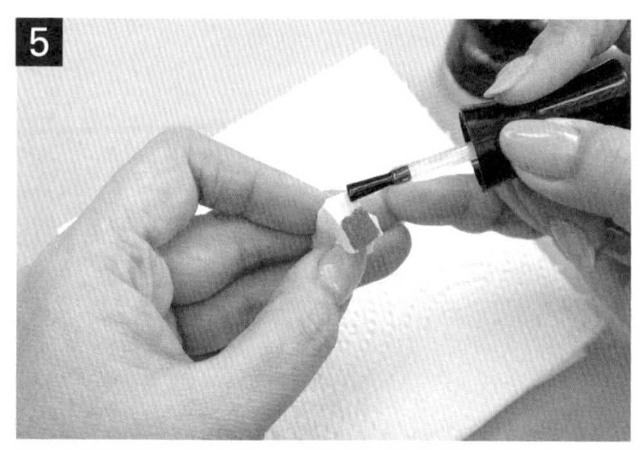

將上層膠塗於海綿上，平筆刷沾紅色凝膠於海綿1/2處。
（可參考教學影片6-2-1）

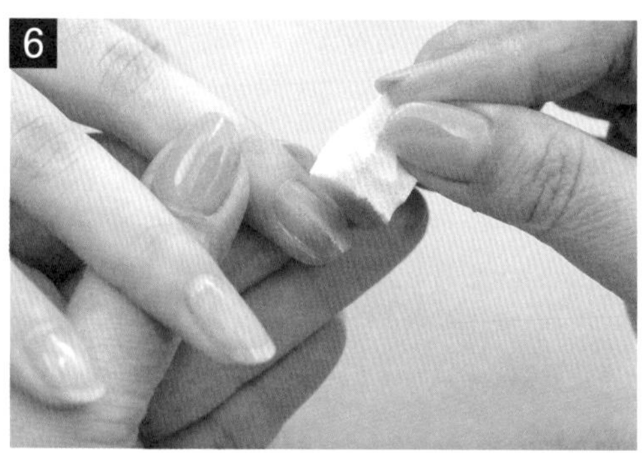

暈染後拓印於甲面上。
（可參考教學影片6-2-2）

指緣周圍要清潔乾淨。

（可參考教學影片6-2-3）

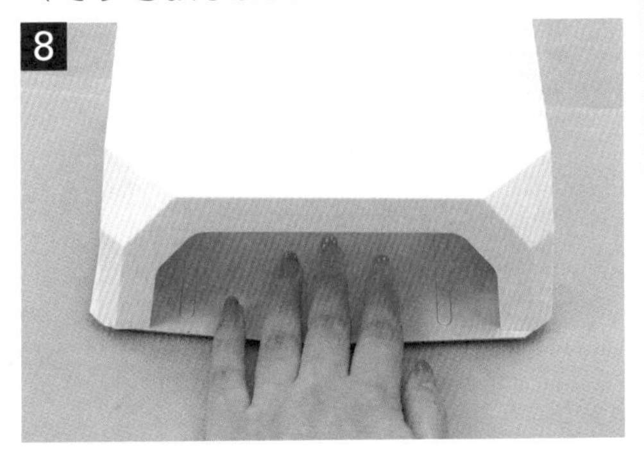

照燈約30秒。

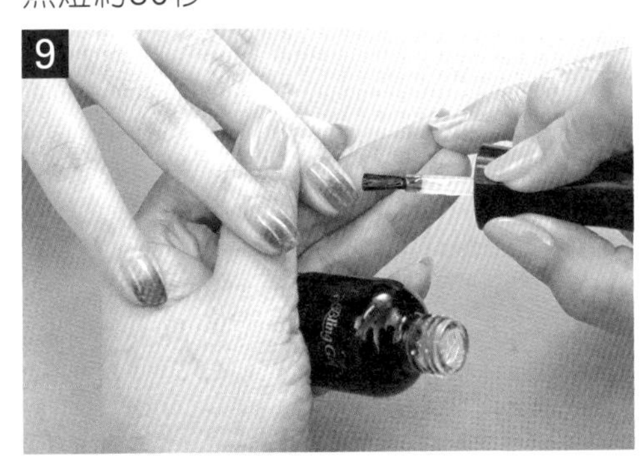

刷上層膠。

（可參考教學影片6-2-4）

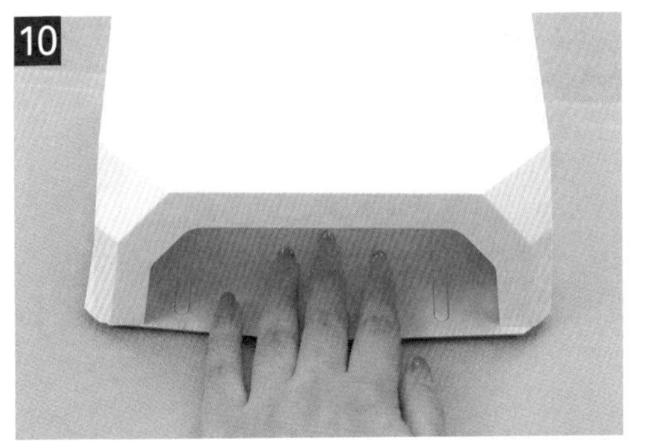

照燈約60秒。（表面殘膠應清乾淨，且需完全照乾）

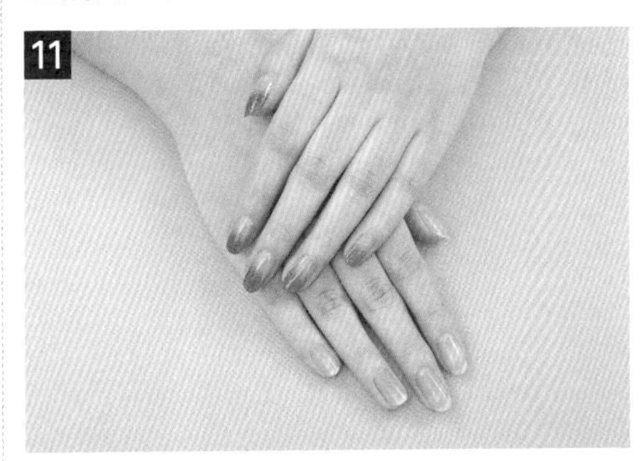

完成圖。

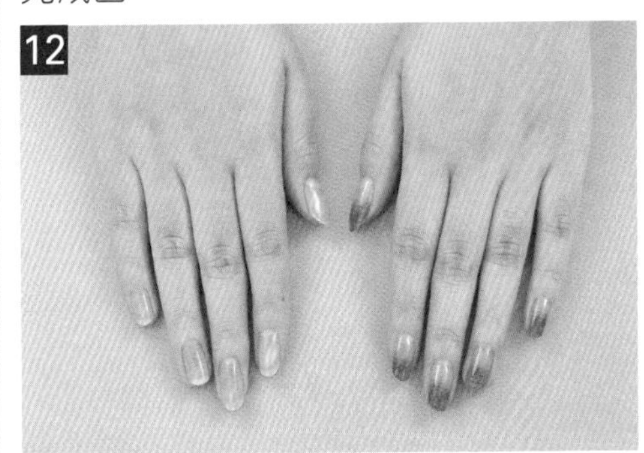

完成圖。

1. 凝膠單色漸層限以國旗紅的紅色色膠，表現上下漸層，技法與工具不限。
2. 漸層範圍需超過甲面1/2，指尖顏色最深，漸層時向上愈淡。
3. 注意甲面亮度與平滑度。（若模特兒甲面不平整時也可使用建構膠整平甲面之凹凸）
4. 完成後勿上指緣油。

07

CHAPTER

指甲彩繪

7-1 色彩學概要

指甲油色系

基本色系

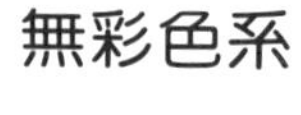

無彩色系

淺粉色系

珍珠色系

色彩的三屬性

色彩
- 無彩色（以明度階段來分色）
- 有彩色（以色相來分色）：明度、彩度，由此兩種屬性再細分色彩

色彩的三要素

色相：色彩的性質

明度：顏色明亮度

彩度：色彩的飽和度

一、色相(Hue)

色相常作成「色相環」，人類可識別出2000~3000種顏色，根據顏色再加以判斷色彩的名稱，即為色相。如日常生活中的藍色、紅色等一般顏色較易區別。

1. 伊登(Etten)

伊登12色相環是初學者瞭解色環構成的基礎，讀者可製作色盤作為色彩混色練習，將有助於色彩的搭配。

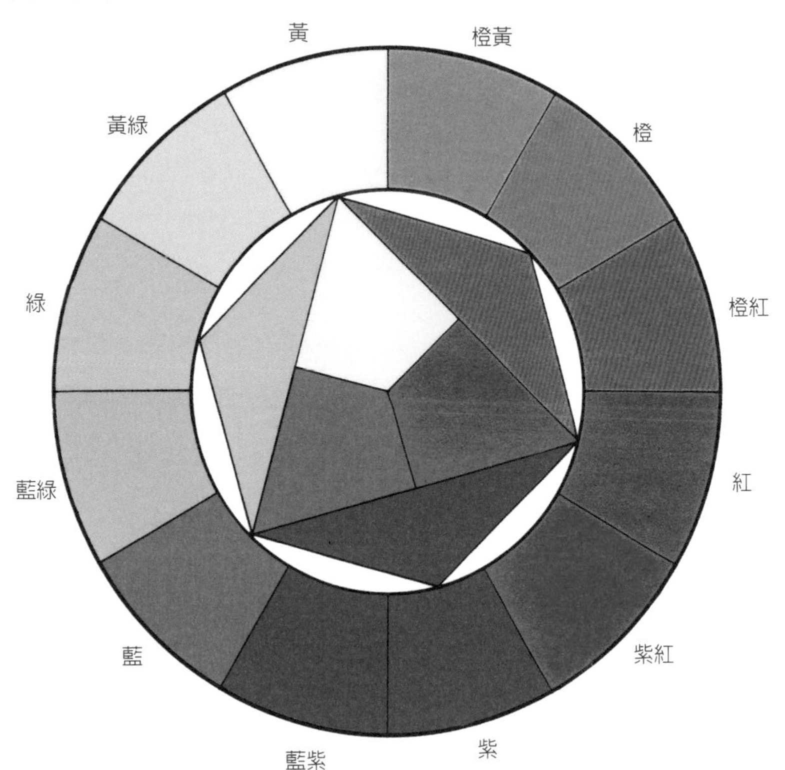

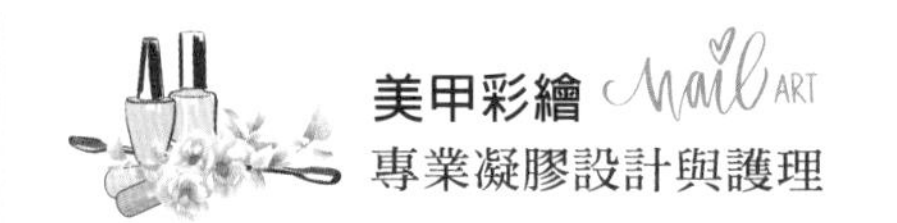

色盤

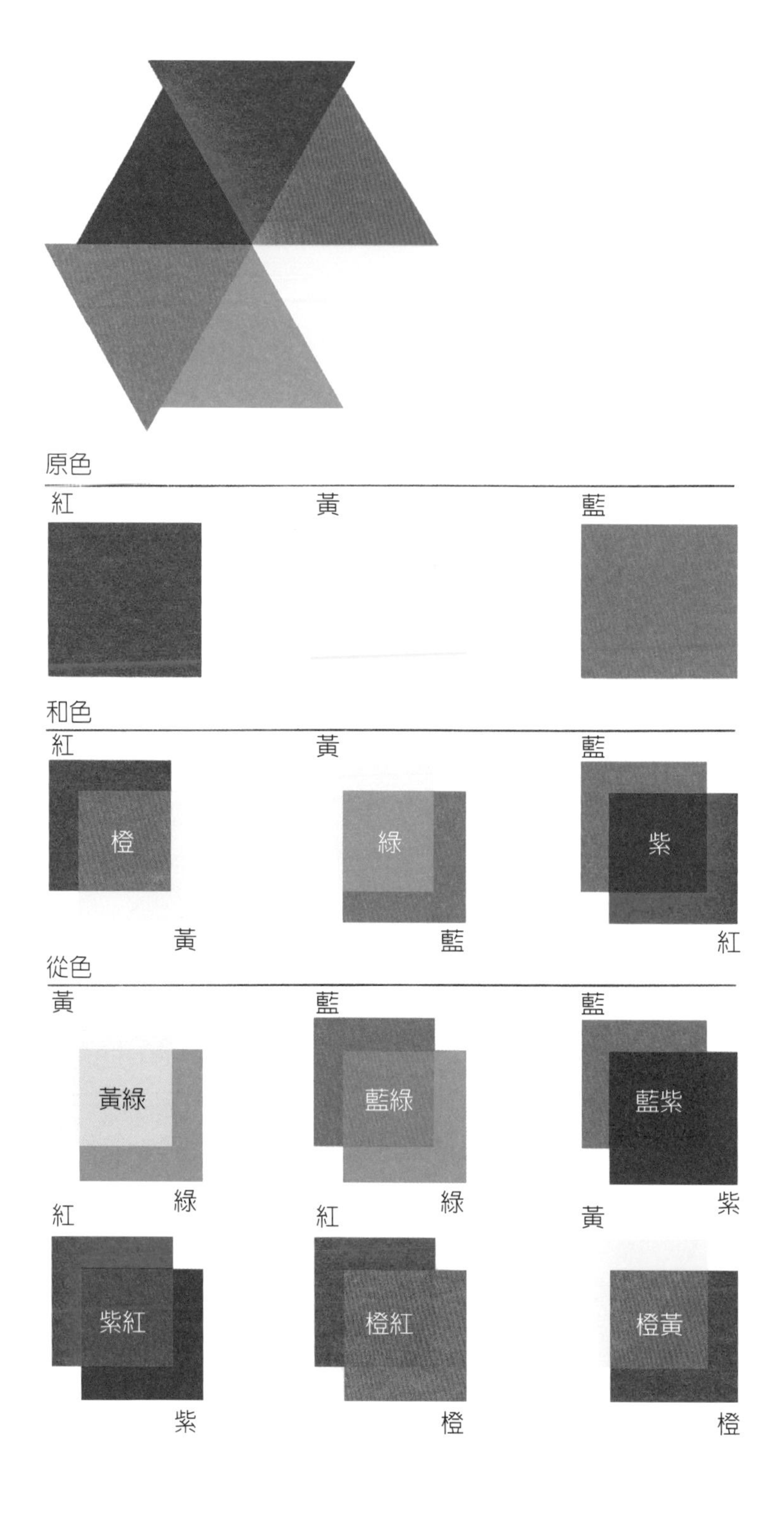

2. 曼塞爾(Munsell)色彩體系之色相環

曼塞爾為美國之美術教授，1915年確立其表色系，美國光學會的測色委員會加以修正，在1943年發表「修正曼塞爾色彩體系」，成為國際通用的色彩體系。

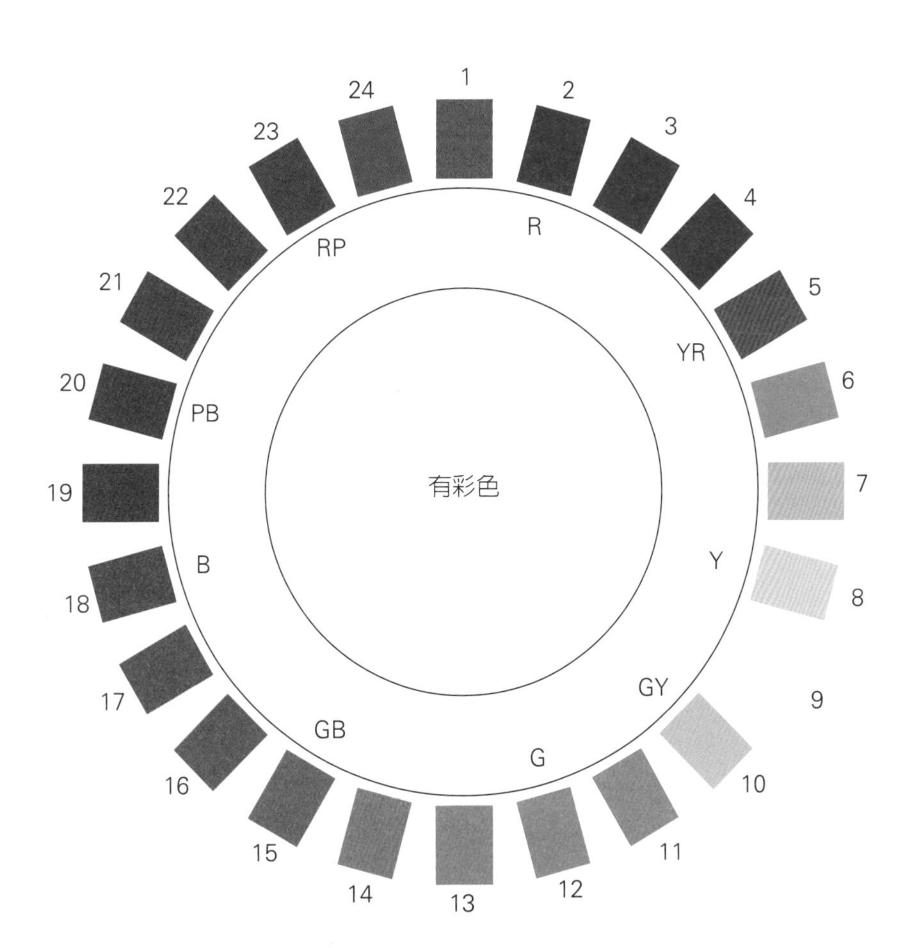

二、明度 (Value)

在白與黑之間，將感覺上差別相等之灰色配置成階梯形，作為測量尺度。明度最高為白色，明度最低為黑色。

※明度調合的明暗階段

1. 類似明度：明度差在1~2階段。
2. 對比明度：明度差在3~5階段以上。
3. 眩耀不調和明度：明度差在8階段以上。

三、彩色 (Chroma)

彩度是色調強度的比例，彩度最高之顏色稱為「純色」，彩度最低之顏色是無彩色中的灰色。

最高	9.5	白 (W)
高 (明亮)	8.5	淺灰色 (ltGy)
	7.5	淺灰色 (ltGy)
稍微 明亮	6.5	中灰色 (mGy)
中度	5.5	中灰色 (mGy)
稍低 (稍暗)	4.5	中灰色 (mGy)
低 (暗)	3.5	深灰色 (dkGy)
	2.4	深灰色 (dkGy)
最低	1.0	黑 (Bk)

四、色調

色彩的三要素中，色相較容易區別，而明度和彩度則不易劃分。將明度與彩度合併作為顏色的調稱為色調，較易區分色彩。

色相 色調	2 紅	4 橙紅	6 橙	8 黃	10 黃綠	12 綠	14 青	16 翠藍	18 藍	20 紫藍	22 紫	24 紫紅
V 活潑												
B 明亮												
LT 淺												
P 淡												
LTG 淺灰												
G 灰												
D 鈍												
DP 深												
DK 暗												

7-2 指甲油彩度的調合法

指甲配色時應考慮因素

1. 畫面所要製造的效果。
2. 決定主要色調，再決定連結的色彩。
3. 熟悉色彩的聯想、顧客偏好，依照時間、地點、場合之不同來選擇色彩。

配色方法

1. 單色色彩配色（左右各30度以內）。
2. 相似色配色（30~60度）。
3. 三原色配色（120~150度）。
4. 補色配色（180度）。

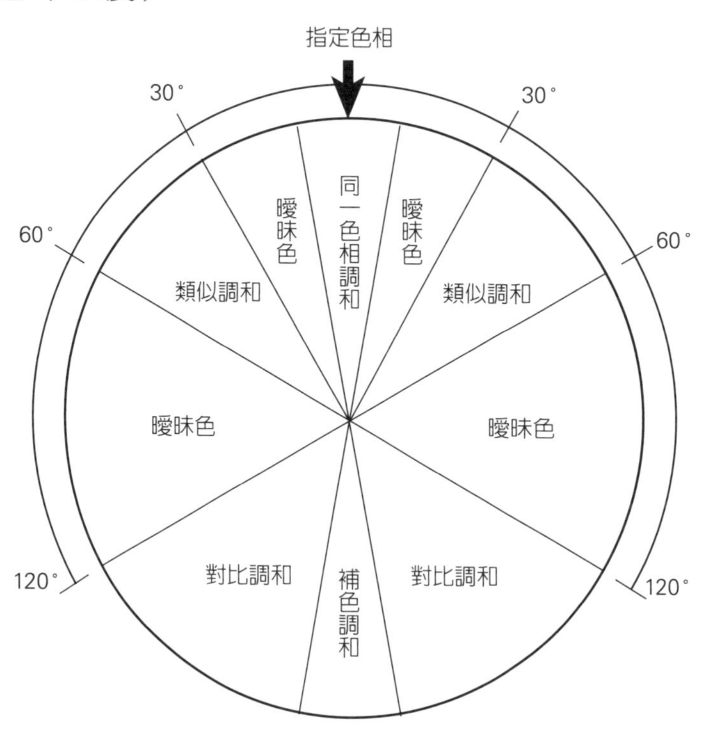

7-3 指甲油的選擇與上色法

指甲油的選擇

市售指甲油選擇要領，因指甲油種類與品質琳瑯滿目、選擇性多元化，如何選出最適用的指甲油是一門大學問。

一、依品質要求

1. 毛刷材質。
2. 長度適中。
3. 握柄好握取。
4. 色彩需達一定飽和程度。
5. 產品質地要柔順易塗擦。
6. 色素不易殘留指甲。
7. 瓶內附有不鏽鋼珠較易搖勻。

二、指甲油色系與塗擦效果

1. 原色系（純色）：水染、勾勒，色彩飽和易顯色。
2. 珠光色系：自然炫彩光亮。
3. 果凍色系：自然透明的美感。
4. 亮片蔥色系：DIY任意搭配點綴。
5. 冰裂色系：皸裂效果、具趣味性。
6. 變色甲油色系：變色效果、具趣味性。
7. 水性指甲油色系：色彩特殊性。
8. 螢光色系：夜間效果佳。

指甲油上色法

請依照下列圖形作練習，一般指甲油上色的步驟，如圖形所示。

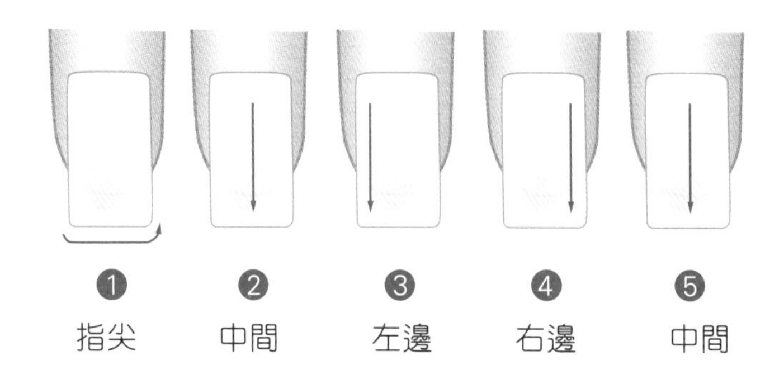

7-4 指甲彩繪構圖與設計分析

1.中心

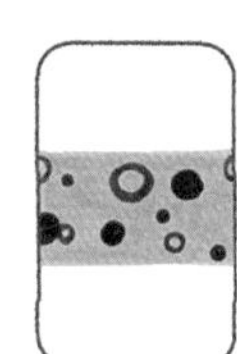

2.法式

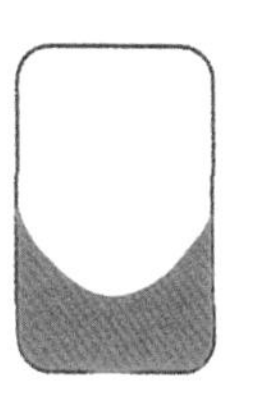

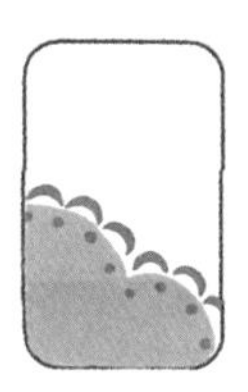

3.後方

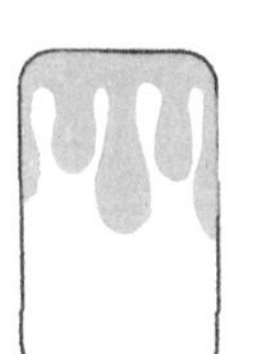

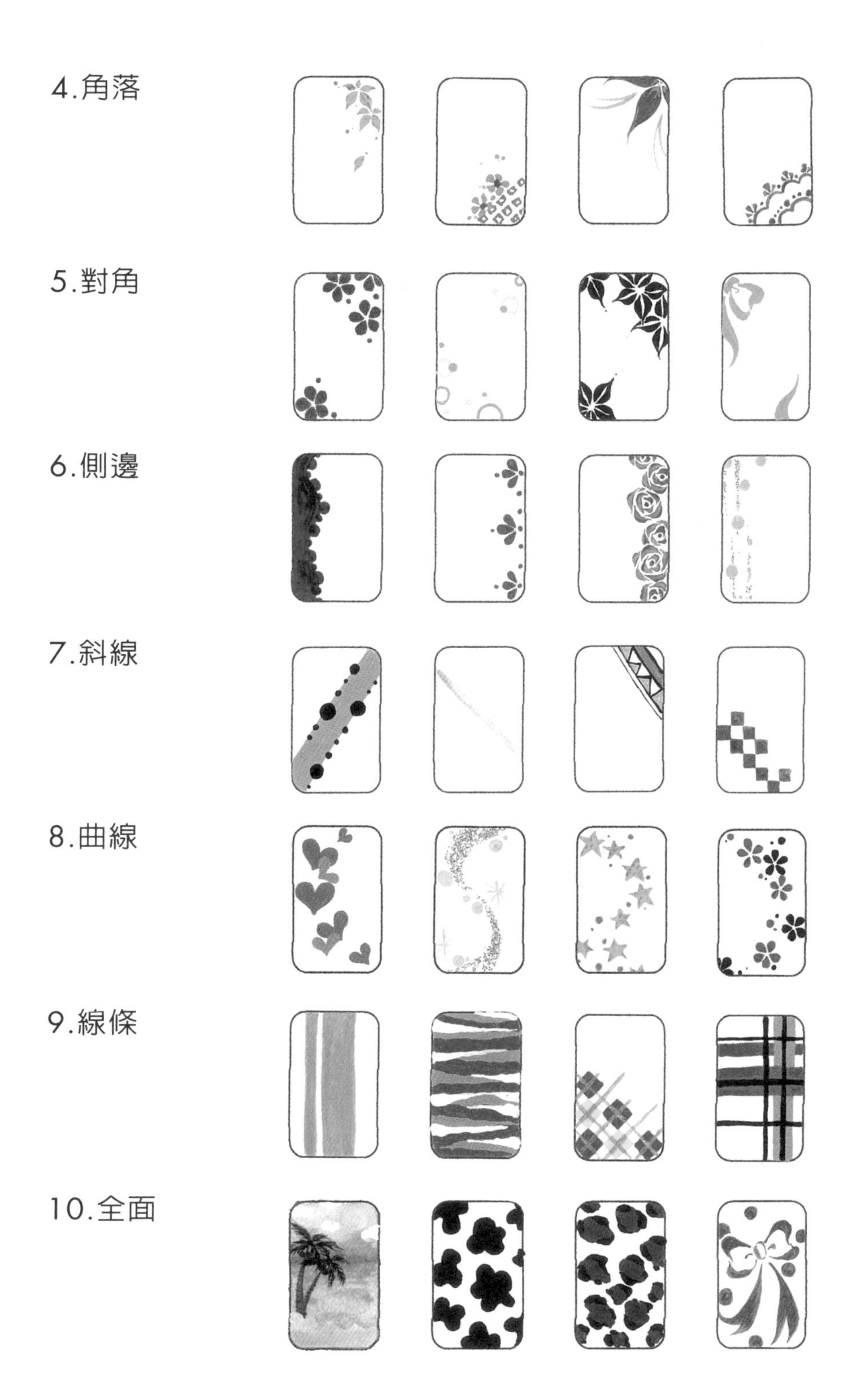
4.角落
5.對角
6.側邊
7.斜線
8.曲線
9.線條
10.全面

7-5 指甲彩繪技巧

用具介紹

1. 彩繪顏料
2. 彩繪專用筆
3. 彩色小鑽
4. 金線
5. 銀線
6. 鑽孔器
7. 彩鑽掛飾
8. 指甲油
9. 珠寶亮粉專業組
10. 練習指頭
11. 自然色甲片一盒
12. 甲片專用膠
13. 珠筆
14. 亮片
15. 燙鑽
16. 金箔、銀箔

彩繪專用筆

彩色小鑽、燙鑽、亮片

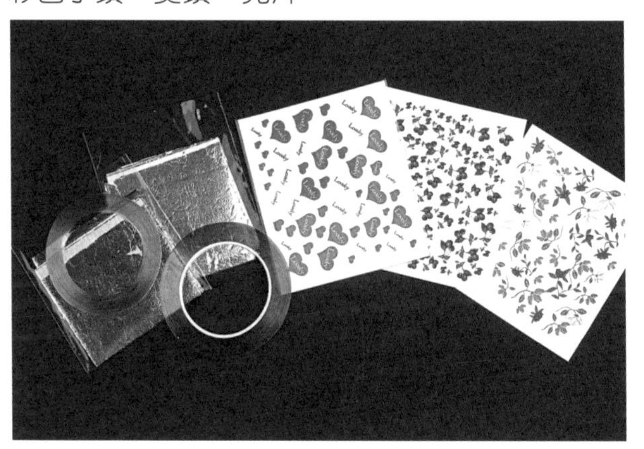
金銀線、圖案貼紙、金箔、銀箔

彩繪專用筆

手工純貂毛製作較佳，運筆有彈性，筆鋒銳利，不易開叉。尼龍毛的彈性及柔軟度差，使用壽命較短。

彩繪筆運用方法

1. 圓點珠筆：圓點花、葡萄、沾取小鑽、亮片。
2. 拉線大筆：水滴花、菊花、愛心、葉子花、蝴蝶。
3. 描邊中筆：勾勒花朵、描邊、椰子樹、玫瑰、櫻花。
4. 勾勒小筆：勾勒花朵、描邊、細部彩繪。

彩繪筆維護方法

1. 避免使用去光水（會變硬）。
2. 筆刷用久弧度變形時，可用溫開水浸泡，再調整成原形。

3. 色料沾取2/3即可，較易清洗。
4. 洗筆時不可過度擠壓毛刷。

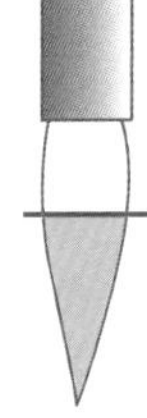

色料沾取2/3

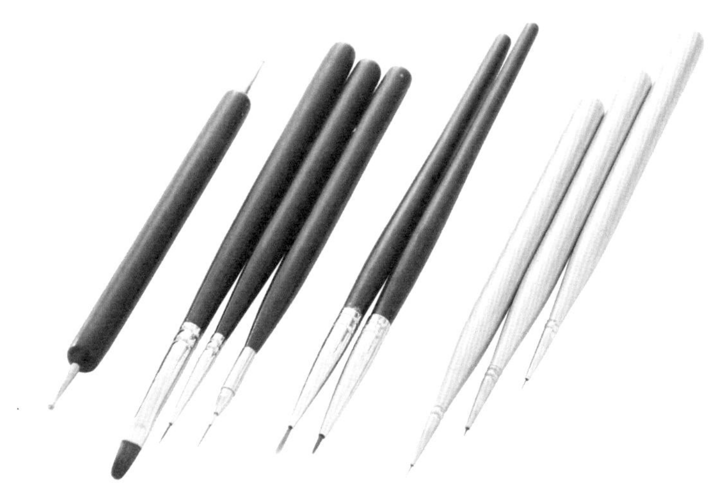

指甲彩繪專用筆

一、五瓣水滴花（需搭配樹葉不限片數）

繪畫時花朵應有2朵完整五片花瓣和搭配的葉子，且不可用圓點將中心尖端蓋住。

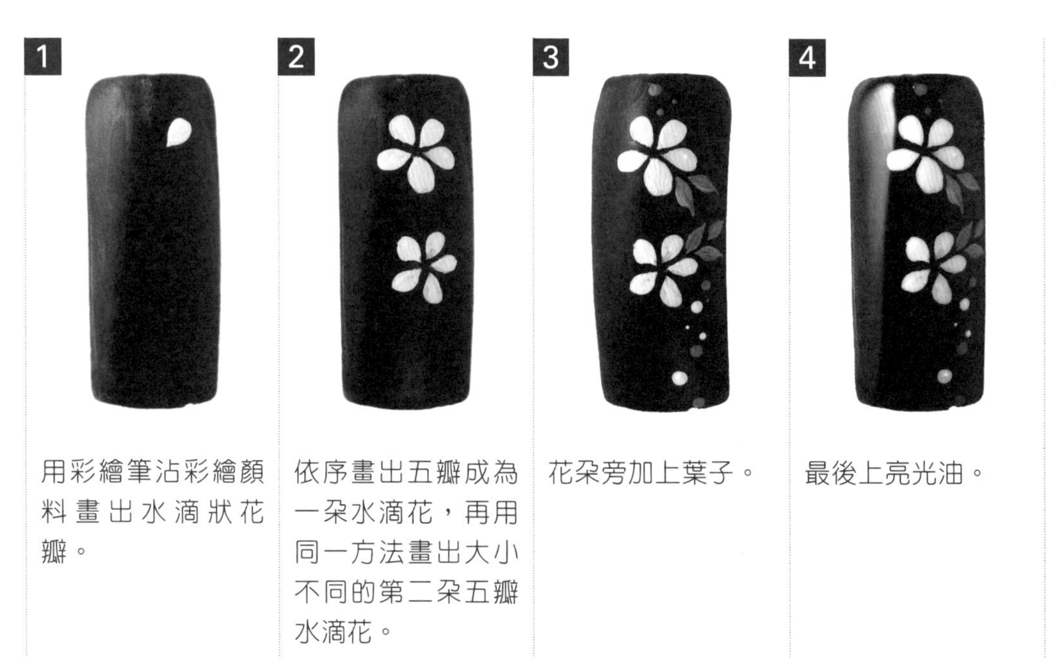

1 用彩繪筆沾彩繪顏料畫出水滴狀花瓣。

2 依序畫出五瓣成為一朵水滴花，再用同一方法畫出大小不同的第二朵五瓣水滴花。

3 花朵旁加上葉子。

4 最後上亮光油。

二、玫瑰花（需搭配樹葉不限片數）

繪畫時花朵含花心應有完整七片以上的花瓣和搭配的葉子。建議可2朵（含）以上。

1 用彩繪筆沾彩繪顏料，點出花心，再向外逐層畫出花瓣。

2 依序畫出七瓣成為一朵玫瑰花。

3 花朵旁加上葉子，葉子也可用顏料畫出深淺感。

4 最後上亮光油。

三、直線（直線（粗／細各一條）、橫線（粗／細各一條））

繪畫時應分橫線、直線、粗線、細線之區別，且共需四條以上。

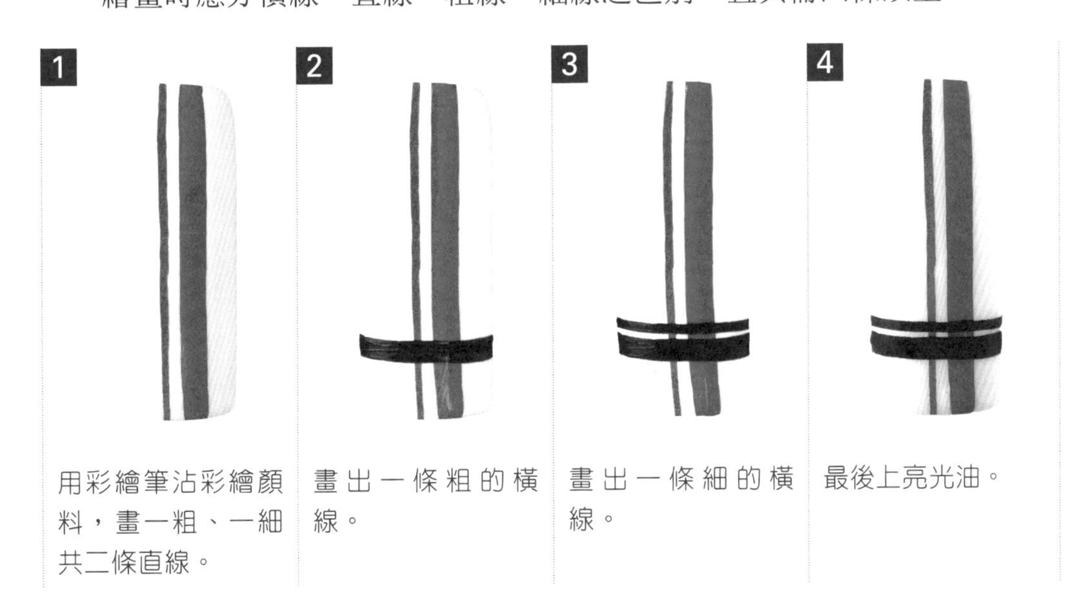

1 用彩繪筆沾彩繪顏料，畫一粗、一細共二條直線。

2 畫出一條粗的橫線。

3 畫出一條細的橫線。

4 最後上亮光油。

四、五瓣尖花（需搭配樹葉不限片數）

繪畫時花朵應有2朵完整五片花瓣和搭配的葉子，且不可用圓點將中心尖端蓋住。

搭配的樹葉應留意位置，樹葉尖端可與花瓣尖端形成獨特的構圖。

1 用彩繪筆沾彩繪顏料，畫出尖狀花瓣。

2 依序畫出五瓣成為一朵花，再用同一方法畫出大小不同的第二朵五瓣尖花。

3 花朵旁加上葉子。

4 最後上亮光油。

五、愛心（空心（大／小各一）、實心（大／小各一））

繪畫時應分大、小、空心、實心之區別，且需畫四個以上。

1	2	3	4

用彩繪筆沾彩繪顏料，畫出大小不一的空心愛心。	再用顏料依序畫出大小不一的實心愛心。	可選擇愛心旁邊點綴小圓點。	最後上亮光油。

1. 透明甲片2.5cm做出平面彩繪，不可上底色。
2. 必需使用凝膠來操作。
3. 塗上層時用上層膠操作，必需完全照乾。
4. 圖形勿畫錯。
5. 注意色彩的飽和度、搭配性、精緻度與整體感。

完成圖

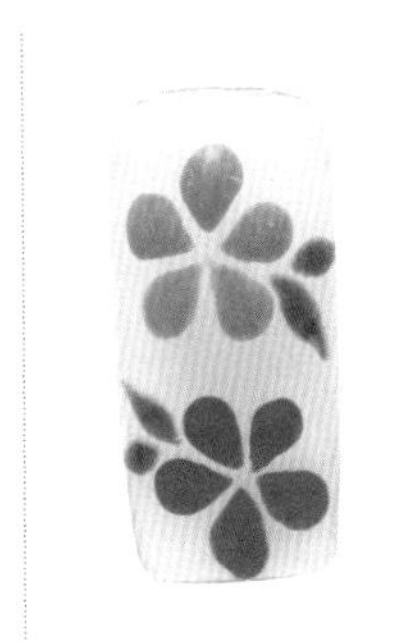
五瓣水滴花

玫瑰花

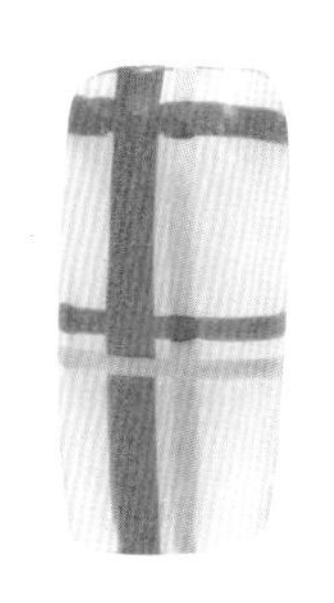
直線

五瓣尖花

愛心

美甲彩繪
NAIL ART
專業凝膠設計與護理

透明凝膠指模與法式凝膠上色

凝膠延甲及上色設計工具及用品介紹

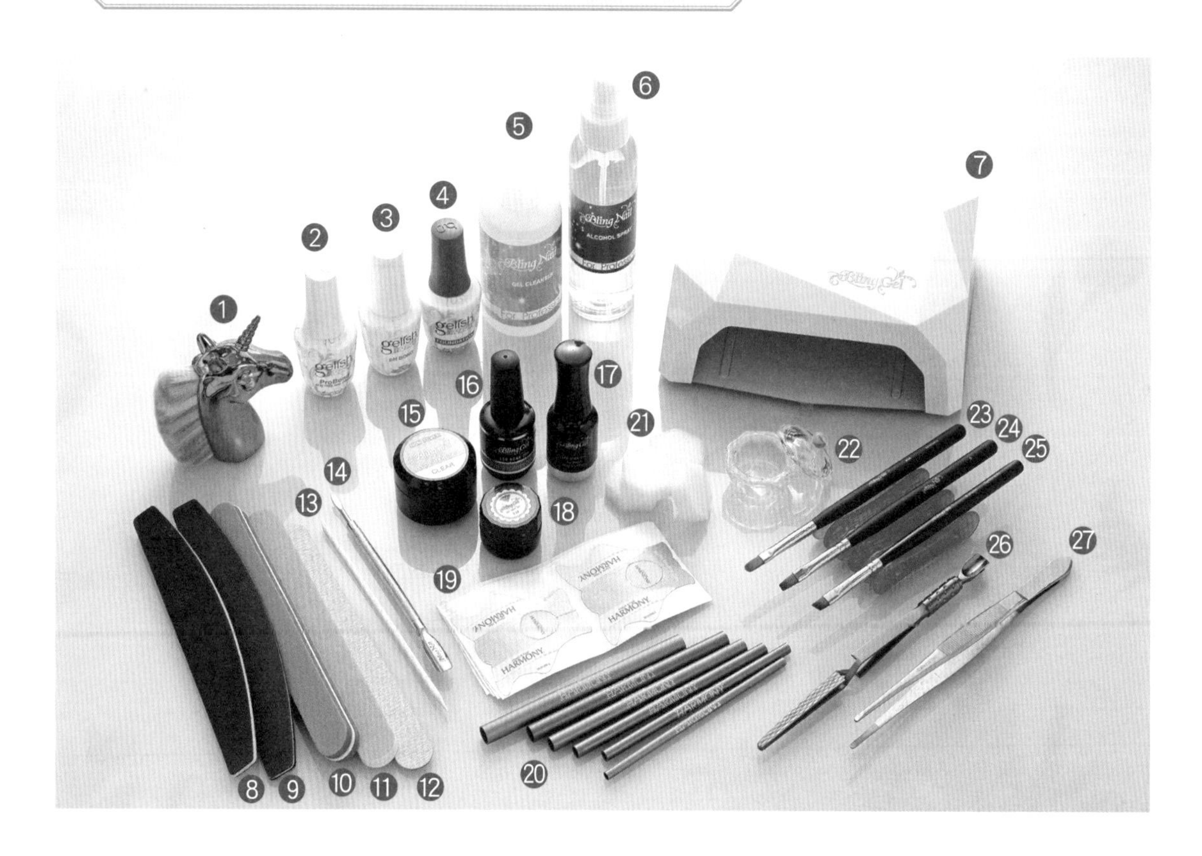

1. 除塵刷
2. 接合劑
3. 防潮平衡劑
4. 底層凝膠
5. 凝膠清潔劑
6. 清香消毒劑
7. LED凝膠燈
8. 半月形銼條180°
9. 半月形銼條150°
10. 磨甲棉
11. 拋光條
12. 木片薄銼條180°
13. 櫸木棒
14. 鋼製推皮刀
15. 透明建構膠
16. 白色甲油膠
17. 鏡面上層膠
18. 白色凝膠
19. 指模
20. 塑型棒
21. 六角海綿
22. 溶劑杯
23. 橢圓筆
24. 平筆
25. 斜筆
26. X型塑型夾
27. 鐵製塑型夾

透明凝膠指模延長

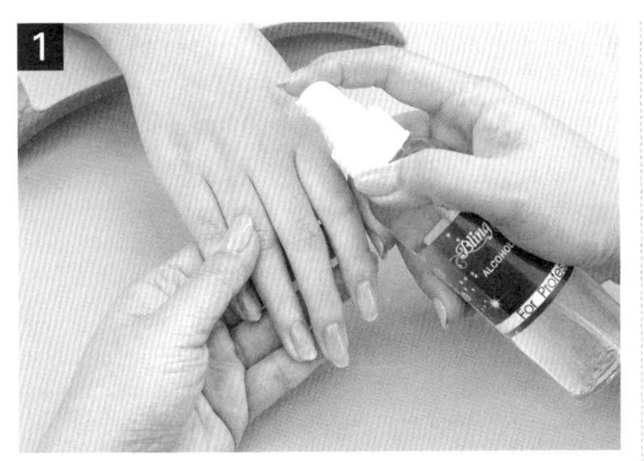

消毒模特兒右手，真甲修磨長度到0.1cm含以下。

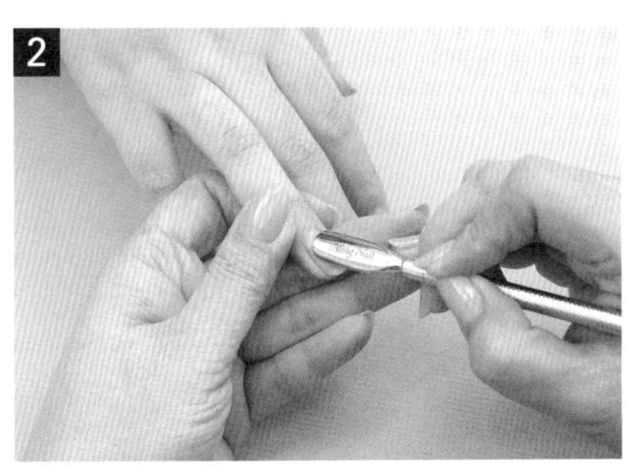

鋼推45°往上輕推甘皮。

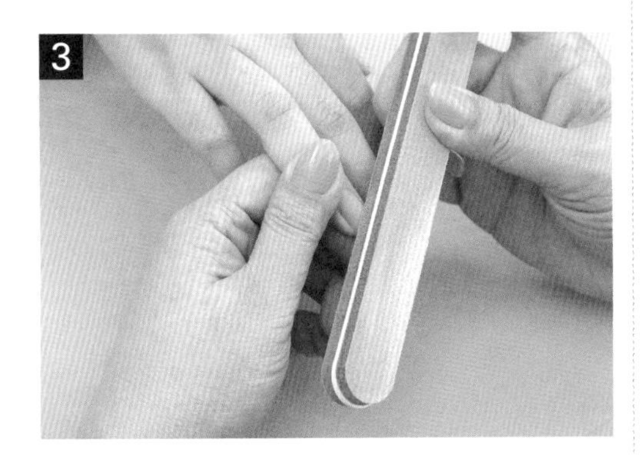

磨甲棉修磨甲面。

清除餘粉。

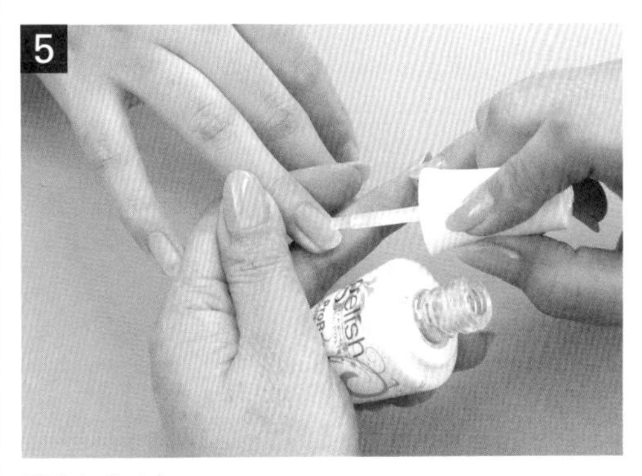

刷接合劑。

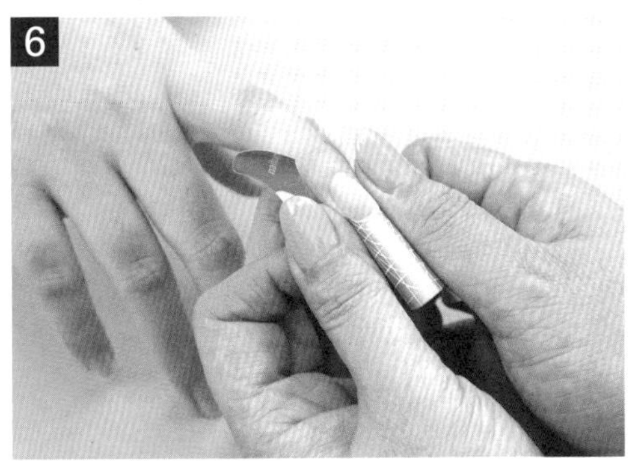

貼戴指模。

（可參考教學影片8-1-1）

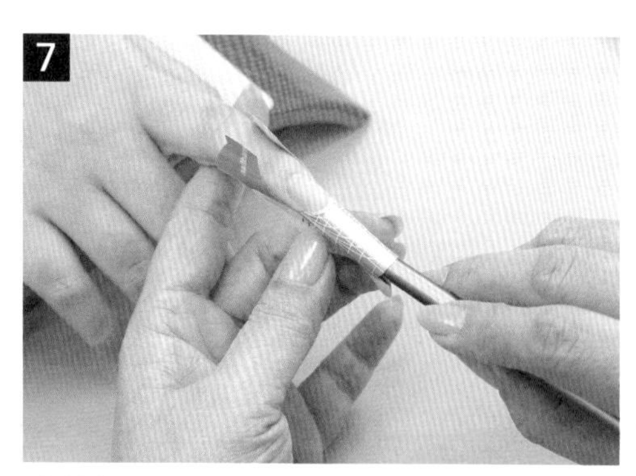

貼戴指模。

（可參考教學影片8-1-2）

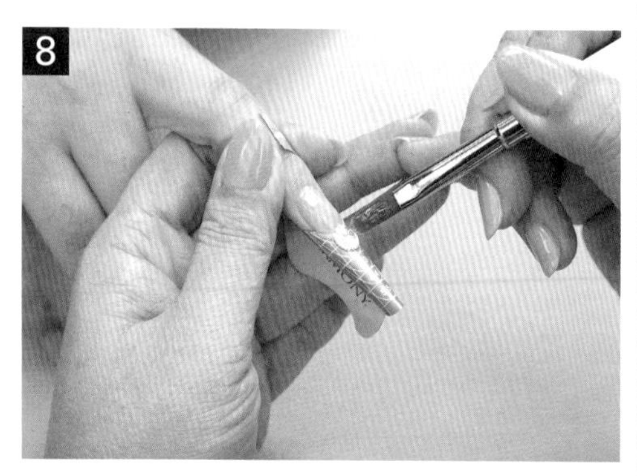

刷底層膠。

（可參考教學影片8-1-3）

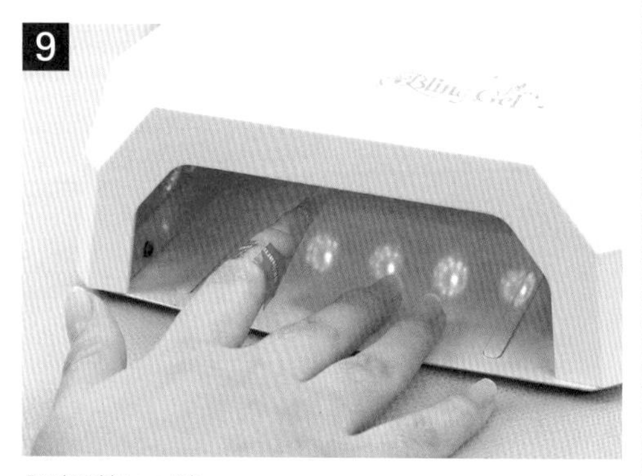

照燈約30秒。

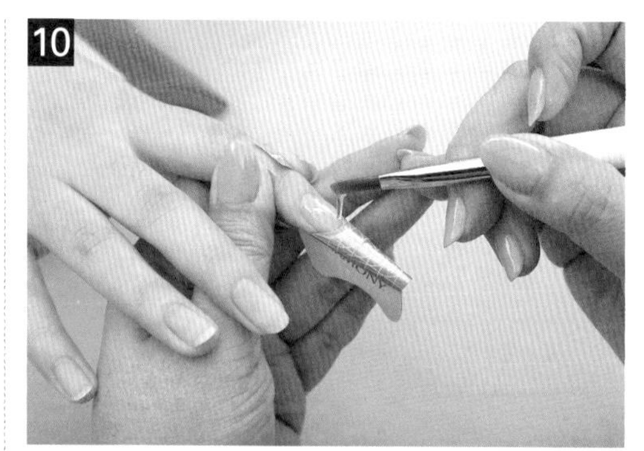

凝膠筆沾透明建構膠來延長。（建構膠2~3次，可依情況而定）

（可參考教學影片8-1-4）

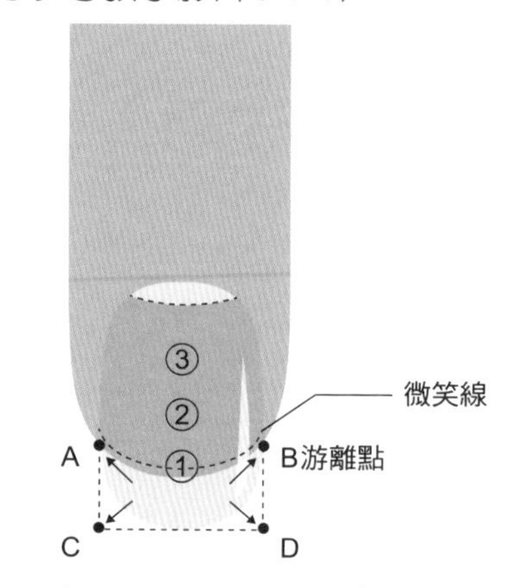

延甲時凝膠放置順序（①、②、③）與延伸點(A 、B 、C 、D)

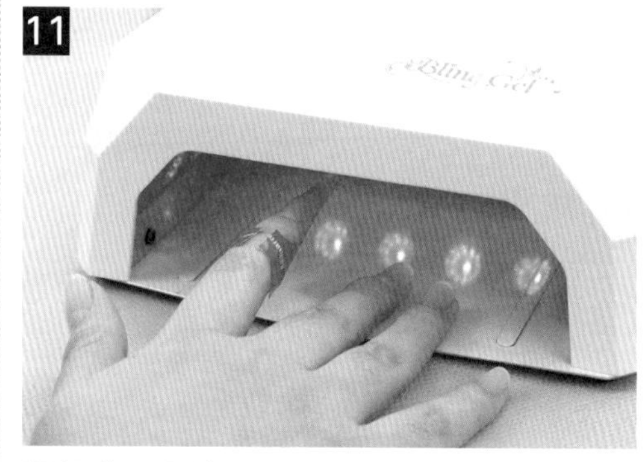

照燈約1分鐘。

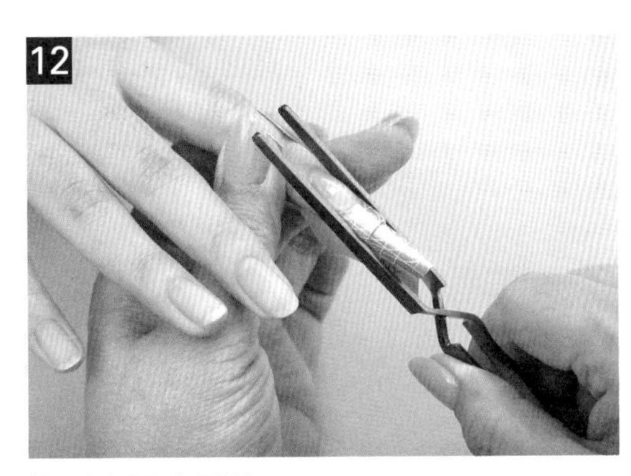

塑型夾壓出形狀。

（可參考教學影片8-1-5）

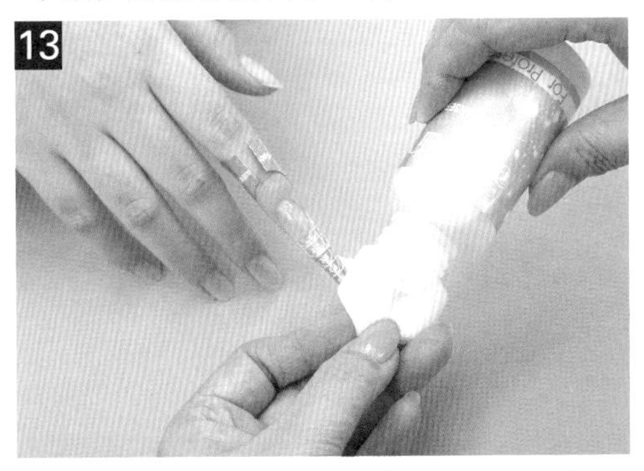

以六角海綿沾凝膠清潔劑去除表面殘膠。

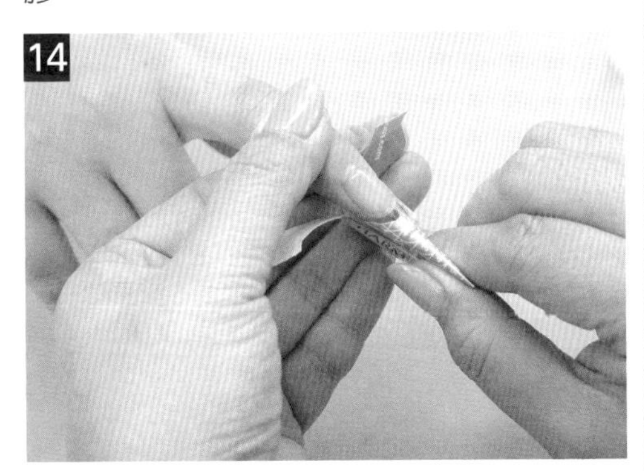

拆除指模。

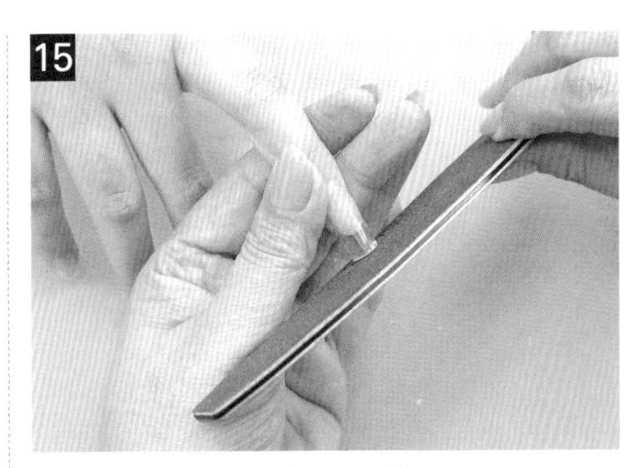

銼條150°修磨長度與形狀。

修右側直線。

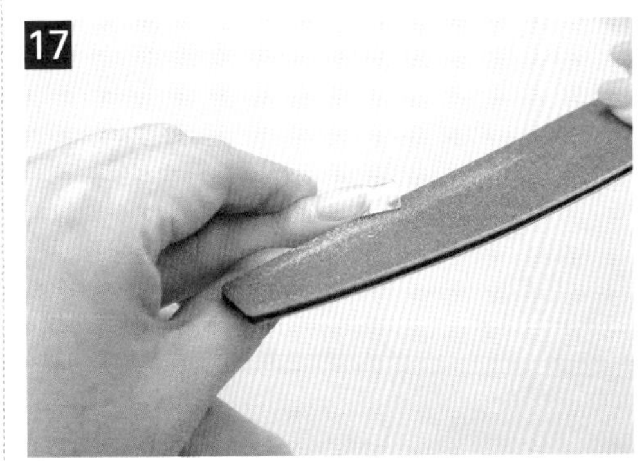

修左側直線。

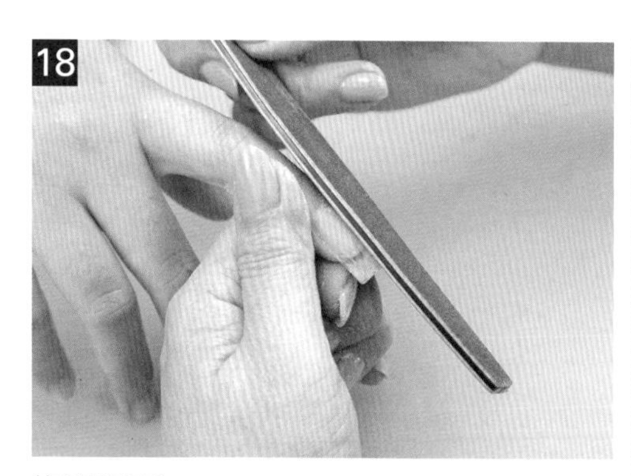

修磨甲面。

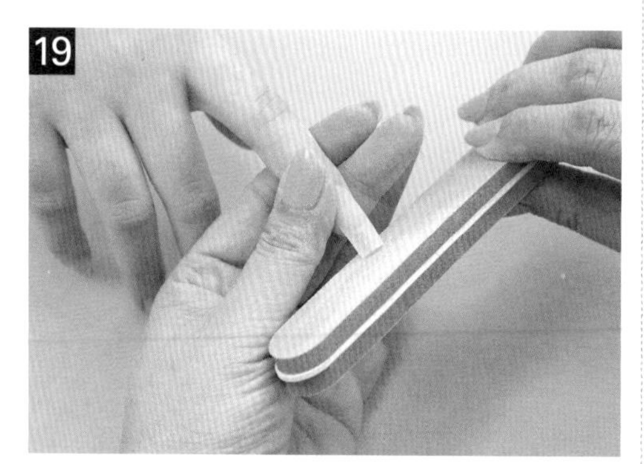

磨甲棉修磨長度與形狀。

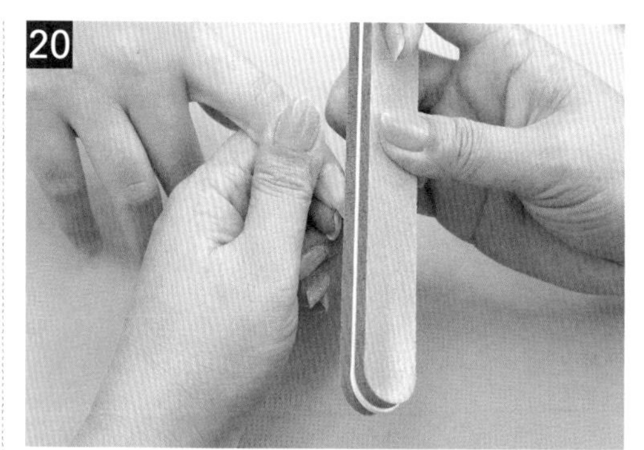

修磨甲面。

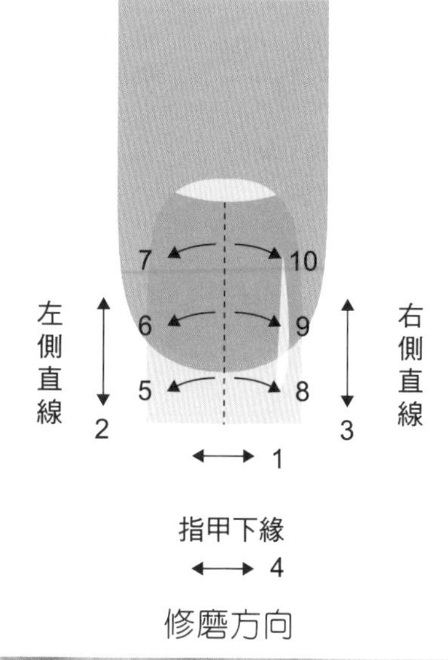

修磨方向

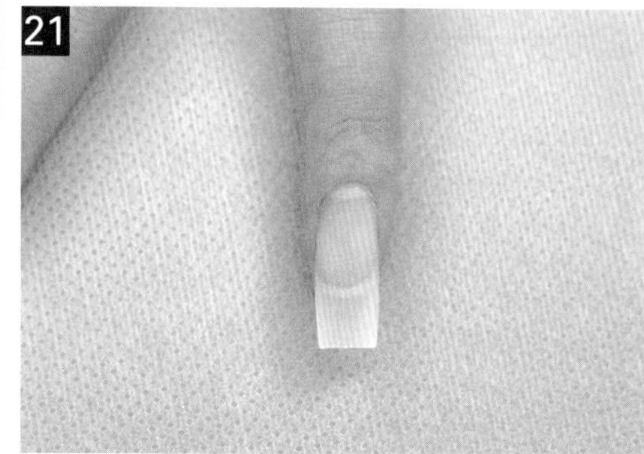

完成凝膠延長。

凝膠延甲重點：

1. 長度：微笑線下0.5cm以上。
2. 寬度：約真甲寬度。
3. 弧度：C型。
4. 高點：全長1/2處，全甲高點應有一致性。
5. 厚度：約名片厚度。
6. 形狀：方形或方圓型。

1. 模特兒真甲長度可事前修剪，需剪至微笑線中心最低點0.1cm（含）以下。
2. 以透明無色凝膠來延長。
3. 延甲時需達微笑線最低點以下，長度需達0.5cm以上。
4. 需要完全照乾才算完成。
5. 指模可以事先修剪好。
6. 不可將指緣磨流血。
7. 法式微笑線要有一致性，色彩飽和為重點。

法式凝膠上色

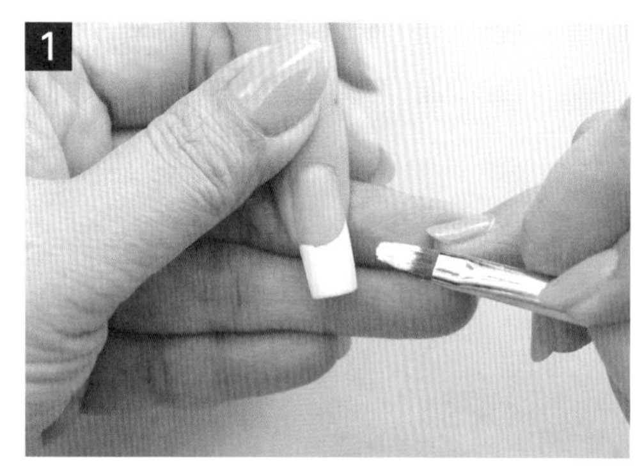

筆刷沾白色凝膠，指甲前端先包邊。

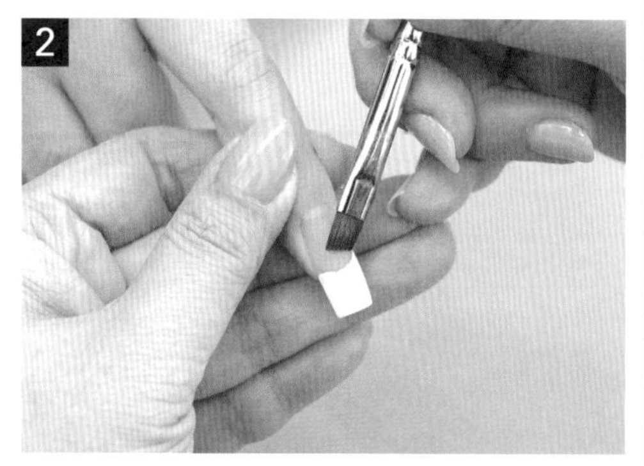

斜筆45°角，畫出法式微笑線，多餘膠拭淨，照燈約30秒。
（可參考教學影片8-2-1）

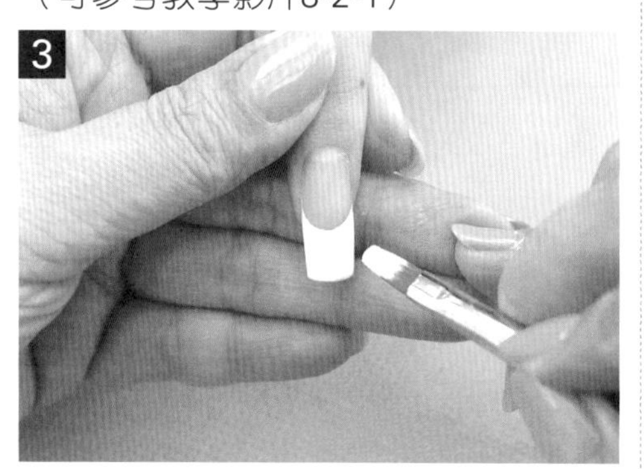

再上一次白色凝膠，照燈約60秒。
（可參考教學影片8-2-2）

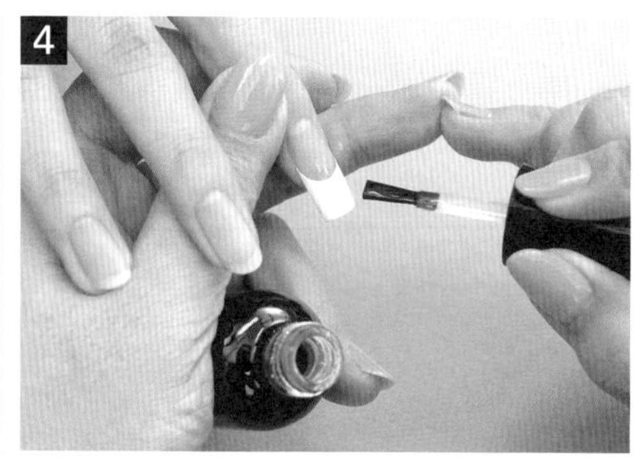

刷上層膠，照燈約60秒。

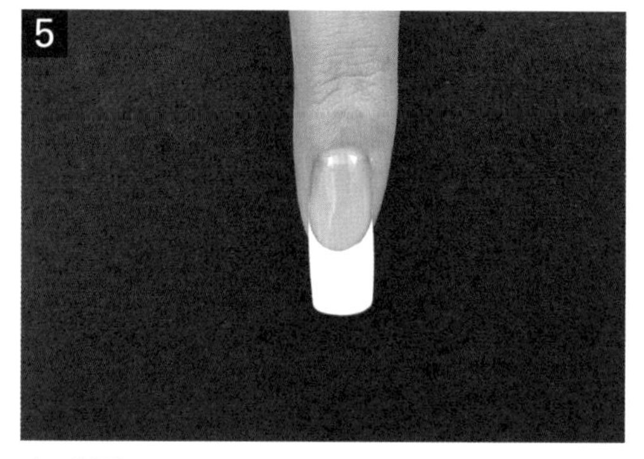

完成圖。

1. 微笑線至指尖，先以拋光條拋磨使甲面平整，拭淨後再畫白色凝膠。
2. 注意甲面之亮度與平滑度。
3. 完成後勿上指緣油。

美甲彩繪
NAIL ART
專業凝膠設計與護理

平面彩繪設計

平面彩繪設計工具及用品介紹

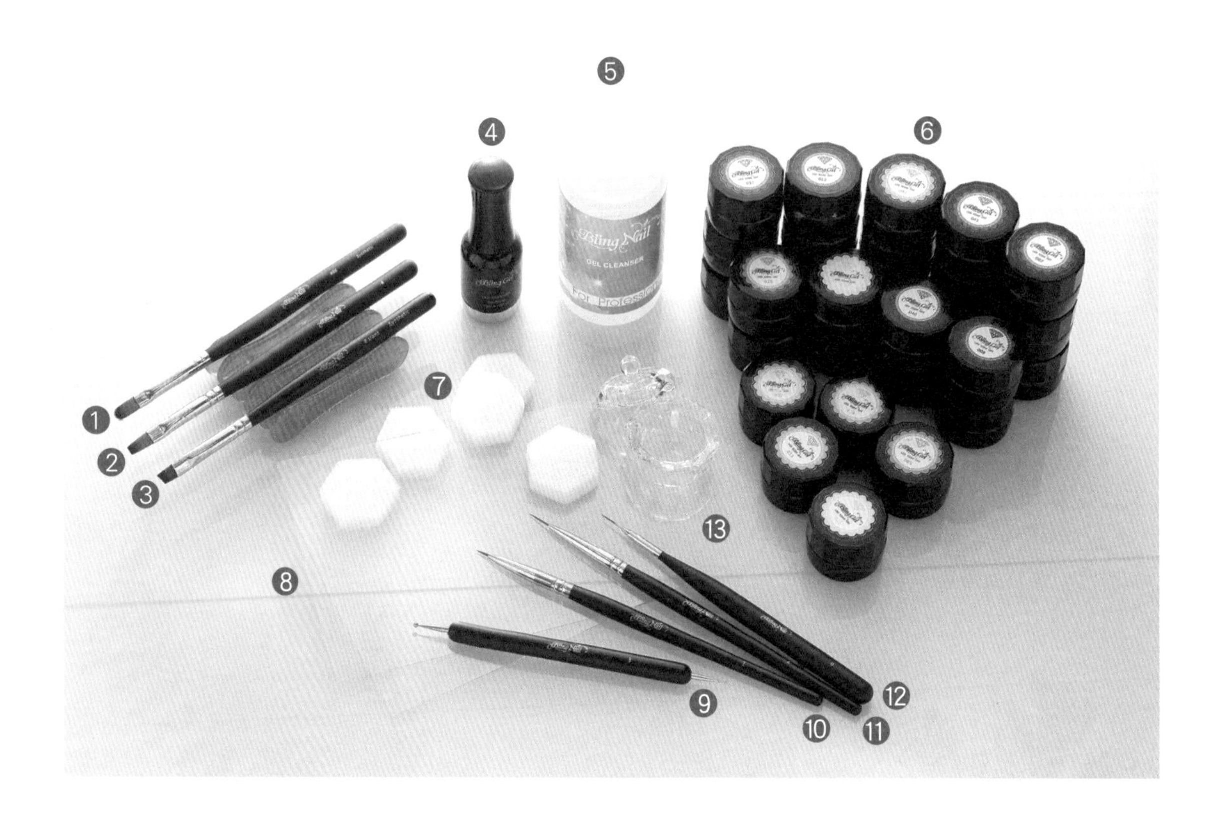

1. 橢圓筆
2. 平筆
3. 斜筆
4. 鏡面上層膠
5. 凝膠清潔劑
6. 彩色凝膠
7. 六角海綿
8. 調色膠片
9. 雙頭點繪筆
10. 彩繪圓筆
11. 彩繪描繪筆
12. 0號細描筆
13. 溶劑杯

彩繪設計－構圖、色彩、技巧說明

1

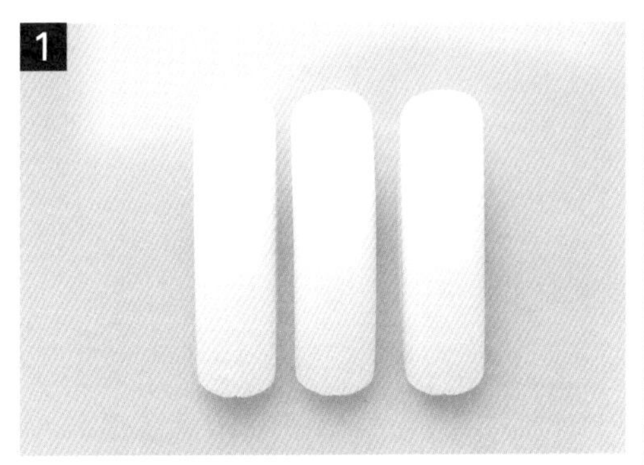

4.5公分長甲片黏於膠片上。

2

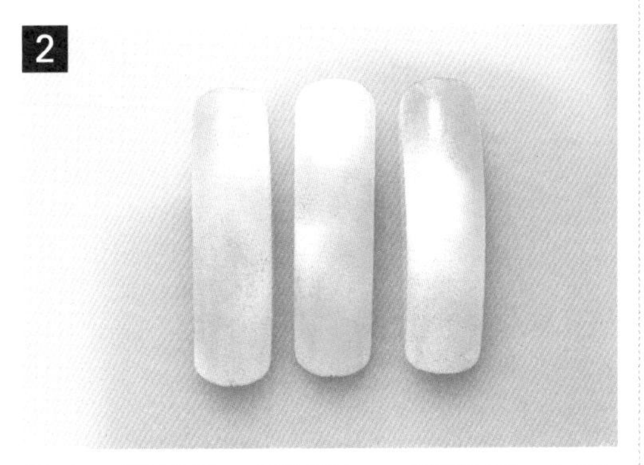

天空─淺綠色→深藍色→（深藍色+上層膠）依次以海綿拓印。

3

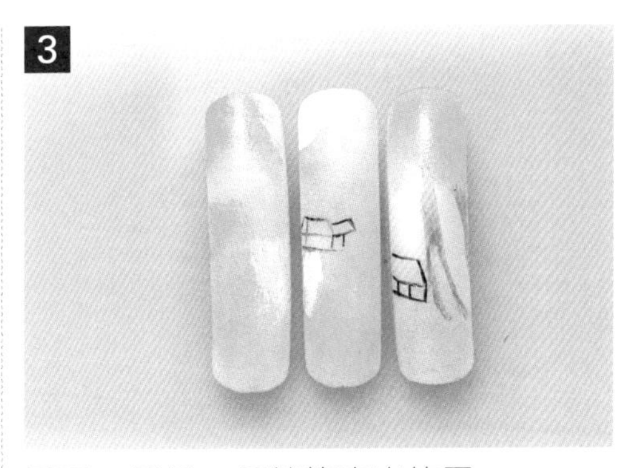

房子─黑色，用線筆定出位置。

樹幹─咖啡色+透明膠，以長線筆完成。

4

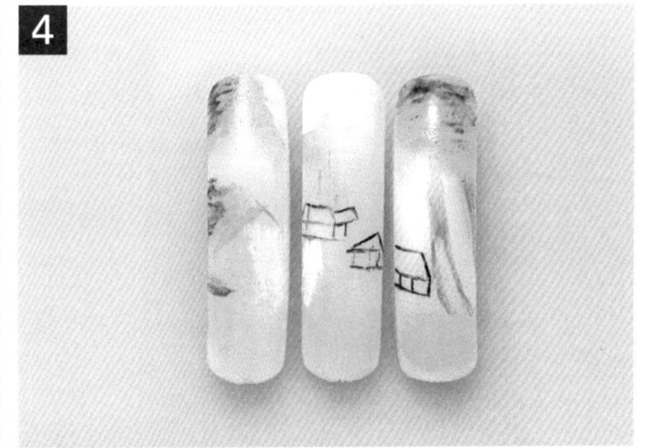

草地

(1) 中綠色→（墨綠色+透明膠）→（綠色+白色），取拓印筆印於甲面上。

(2) 草綠→白色 →黃色，方法同上。

(3) 白色+綠色以線筆刷上。

(4) 深綠色+咖啡色以線筆刷上。

（可參考教學影片9-1-1）

小花—白色→橘色→紅色，以拓筆逐次交疊。

屋頂—紅色，以線筆完成。

樹林—綠色，以長線筆來畫。

樹幹—（咖啡色+紅棕色）、（黑色+紅棕色），以線筆來畫。

瀑布—藍色+透明膠，以線筆來畫，再加上白色水花。

水池—白色+透明膠，以線筆來畫。

石頭—黑色。

樹林—中綠色→翠綠，以線筆畫橫線。

櫻花—紅色→橘色，方法同上。

鹿—橘色，方法同上。

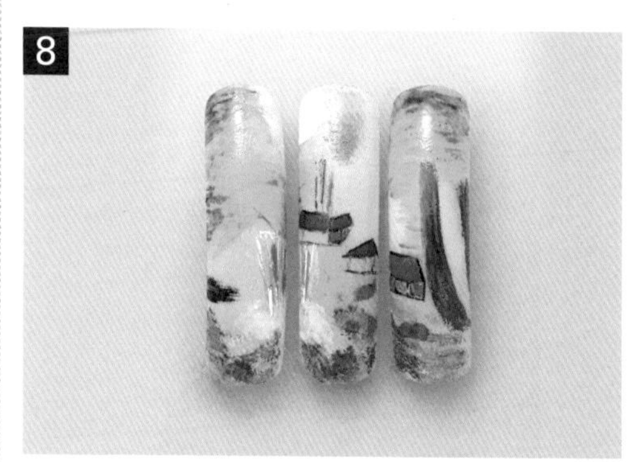

森林—草綠色→深綠色，以線筆相互作暈染與疊色。

楓林—黃色→橙色→紅色，以線筆作出漸層感。

9

天空─白色+藍色+透明膠，以線筆來表現透明感的天空。

櫻花─淺橘色，方法同上。

樹林─墨綠色，線筆橫刷製造出景深的效果。

鶴─白色、黑色，以長線筆完成。

片狀樹林─綠色，以線筆填滿空白處。

10

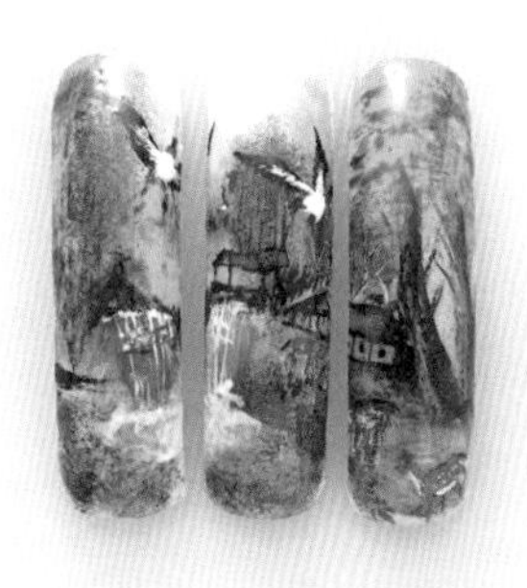

描邊─加深輪廓處，房子、樹木、葉子等，再刷上層凝膠。

1. 平面彩繪設計無主題限制，甲片長度約4.5cm。
2. 可使用顏料或凝膠來畫。塗上層時宜用亮光油或上層膠皆可。
3. 更換色膠顏色時，可使用凝膠清潔劑。
4. 作品畫完時，不宜將甲片相黏，注意甲片之亮度、平滑度與整體感。
5. 不可使用璀璨膠或含亮粉等金屬材質。

9-2 美甲彩繪設計之方法

1. 思考繪畫主題與元素。
2. 決定焦點：主從關係。
3. 空間規劃位置。
4. 安排光線方向。
5. 色彩由淺至深上色。
6. 色膠每次照燈約30秒，最後完成照燈約60秒。

凝膠平面雕塑

一、五瓣尖花（雙色漸層）
二、玫瑰花
三、熊（半身+手抱愛心）
四、五瓣水滴花（雙色漸層）
五、五瓣櫻花
六、加緞帶蝴蝶結

用品介紹

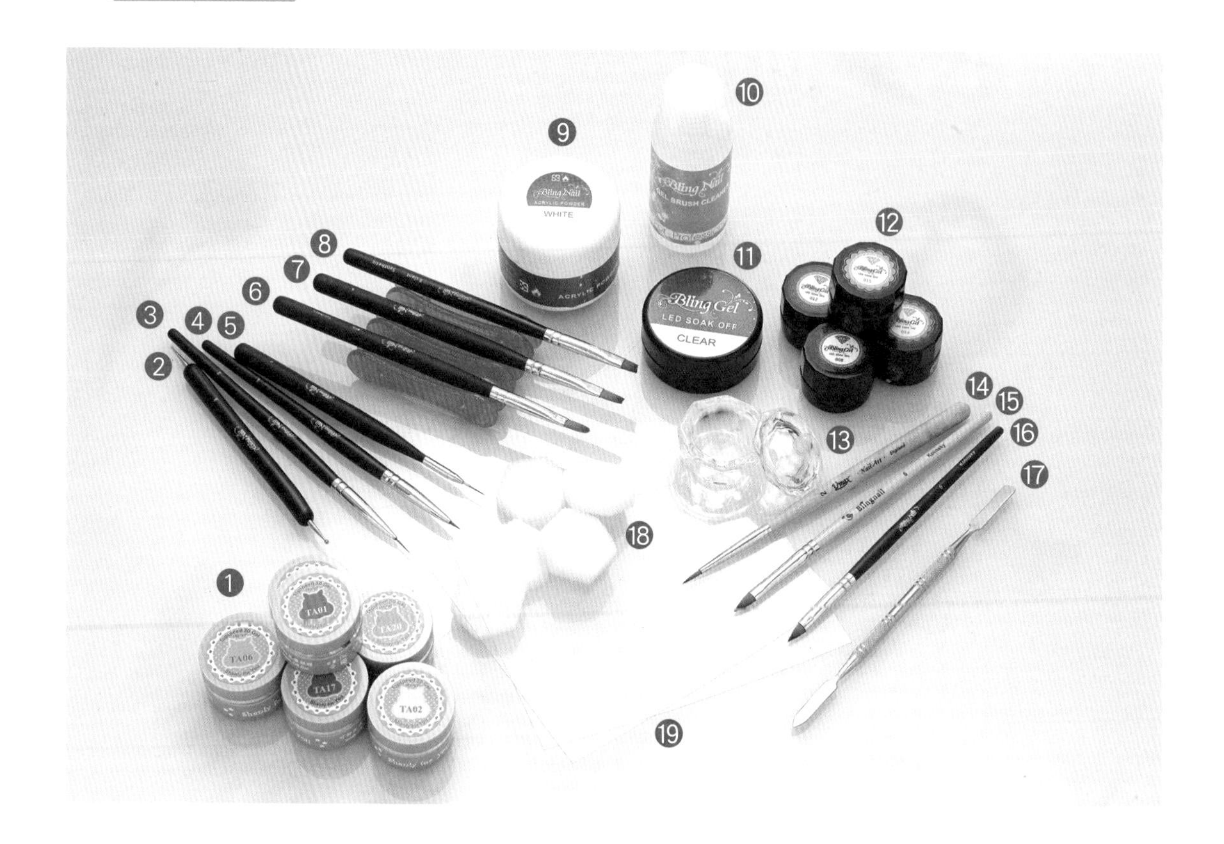

1. 雕花凝膠
2. 雙頭點繪筆
3. 彩繪描繪筆
4. 彩繪圓筆
5. 0號細描筆
6. 橢圓筆
7. 平筆
8. 斜口筆
9. 白色水晶粉
10. 凝膠專用洗筆水
11. 常溫建構膠
12. 彩色凝膠
13. 溶劑杯
14. 圓形凝膠筆
15. 6號粉雕筆
16. 4號粉雕筆
17. 雕花棒
18. 六角海綿
19. 透明膠片

雕花膠每次照燈約30秒，最後完成照燈60秒。

一、五瓣尖花（雙色漸層）

雕塑時需要一朵完整五瓣尖花+樹葉至少一片以上，不可將中心尖端蓋住。

1

用雕花棒取出雕花凝膠，搓出圓球再塑形。

2

用粉雕筆、壓平、拉尖，過程中可沾洗筆液，較不會沾筆再照燈。

3

雕塑每片花瓣大小相同再照燈，另外以細筆刷沾彩繪膠畫出漸層效果，其顏色需內深外淺，共需做兩次。

4

樹葉搓出圓形，壓平再用粉雕筆前後拉出尖型再照燈，即完成作品。

二、玫瑰花

雕塑時需有七片花瓣以上，含花心在內但不可重疊，需瓣瓣分明，樹葉最少一片。

1

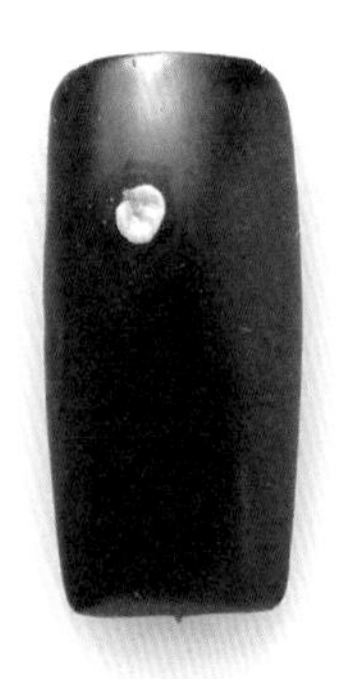

用雕花棒取出雕花凝膠，每一花瓣用粉雕筆側面壓出花瓣形狀，各別照燈。

2

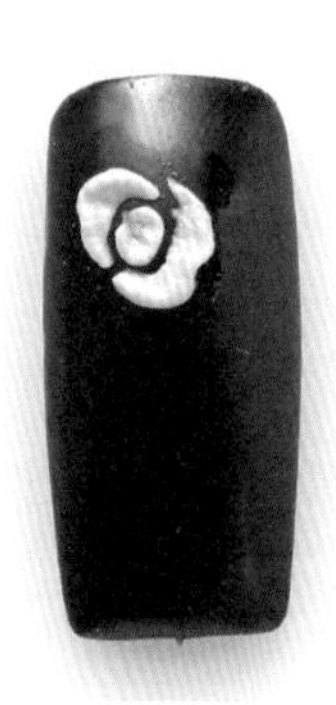

花瓣由小而大，間隔排列。

3

壓花瓣時注意前後呈尖型，中間可壓出斜坡狀再照燈。

4

壓出尖型樹葉照燈，即完成作品。

三、熊（半身＋手抱愛心）

1

用雕花棒取出雕花凝膠，平整壓出大圓，即完成臉部並照燈。

2

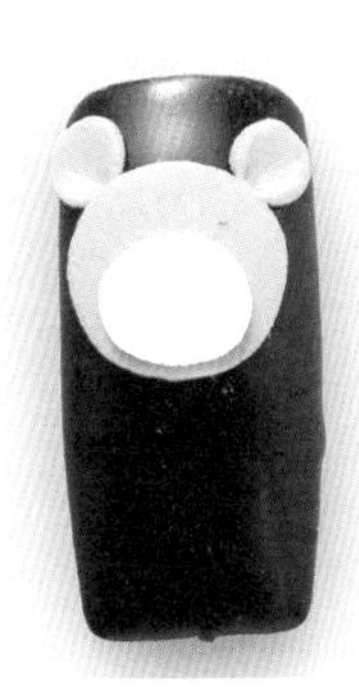

雕花凝膠搓小圓，完成耳朵與口部並照燈。

3

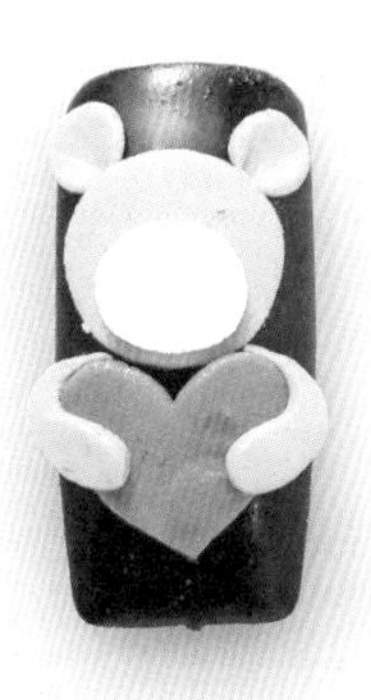

雕花凝膠搓水滴狀，完成愛心並照燈。

4

取黑雕花膠完成眼睛、鼻子及嘴型，照燈後即完成作品。

四、五瓣水滴花（雙色漸層）

雕塑時應有一朵完整五瓣水滴花及樹葉最少一片，不可將中心尖端遮蓋。

1

用雕花棒取出雕花凝膠，搓出圓形，大小與位置安排好再放置甲片上。

2

用粉雕筆壓平、拉尖並照燈。

3

以細筆沾彩繪膠，畫出漸層效果，顏色需內深外淺，約做兩次並照燈。

4

樹葉搓尖型，壓平用粉雕筆前後拉出尖型，照燈後即完成作品。

五、五瓣櫻花

雕塑時應有完整五瓣及樹葉最少一片，樹葉可用花瓣替代。

1

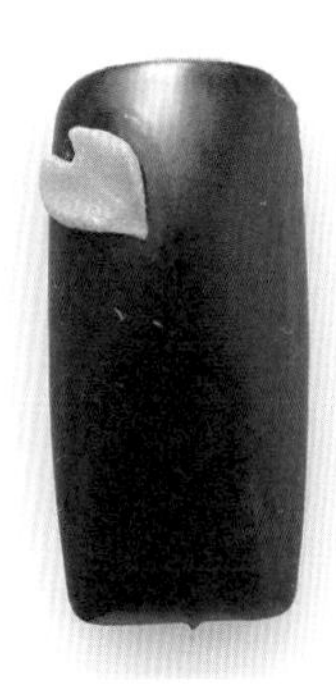

用雕塑棒取出雕花凝膠，搓出大小相同的圓，用粉雕筆拉尖、壓平並切開花型。

2

連續雕出櫻花，每片花瓣各別照燈。

3

花瓣大小與位置安排適當並照燈。

4

樹葉搓圓並壓平，用粉雕筆前後拉出尖型，照燈後即完成作品。

六、加緞帶蝴蝶結

1

用雕塑棒取出雕花凝膠，搓水滴狀、壓平後做出緞帶再照燈。

2

做另一片緞帶，壓出立體效果再照燈。

3

粉雕筆塑出蝴蝶結的部分再照燈。

4

點上圓形中心再照燈，即完成作品。

小叮嚀

1. 透明甲片2.5cm做出平面雕塑，不可上底色。
2. 作品完成後勿塗刷亮光油或上層膠。
3. 注意色彩之乾淨度。
4. 建議整體構圖應佔八分滿，作品應具備完整性。

一、二、三完成圖

五瓣尖花（雙色漸層）、玫瑰花、熊抱愛心

四、五、六完成圖

五瓣水滴花（雙色漸層）、五瓣櫻花、加緞帶蝴蝶結

美甲彩繪
NAIL ART
專業凝膠設計與護理

11
CHAPTER

水晶指甲製作

用具介紹

1. 3D彩色粉雕粉
2. 水晶溶劑
3. 水晶粉（透明）
4. 水晶粉（白色）
5. 水晶指模
6. 水晶貂毛筆
7. 磨甲棉
8. 磨板220/280
9. 磨板180/180°
10. 磨板150/150°
11. 磨板240/240°

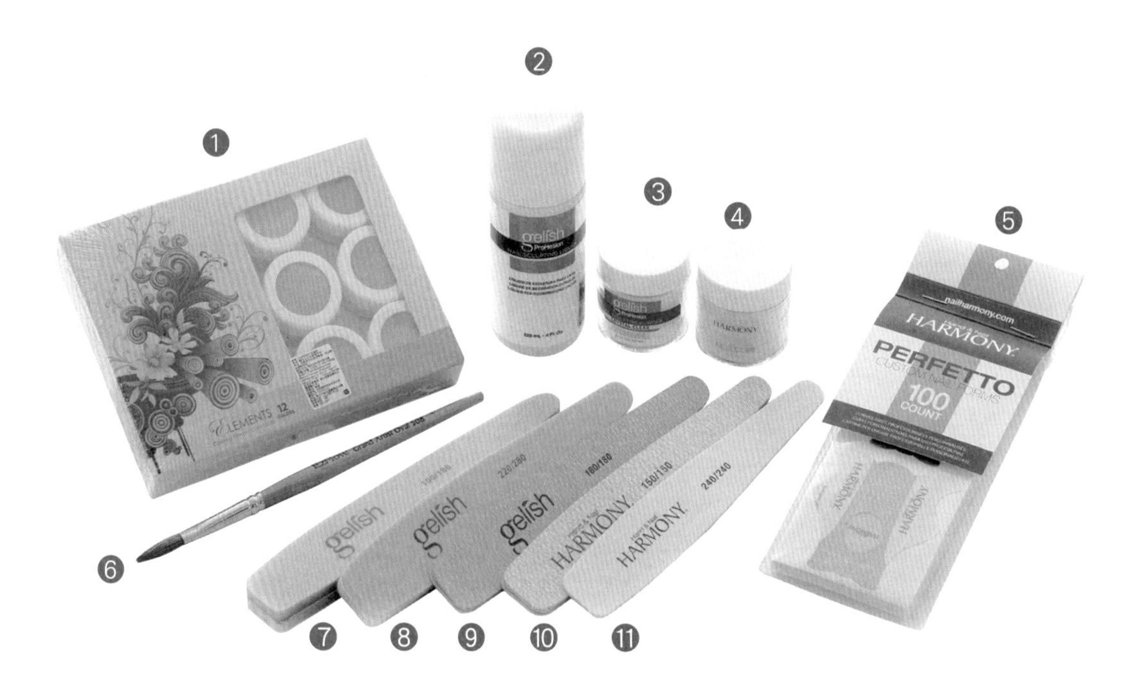

自然水晶

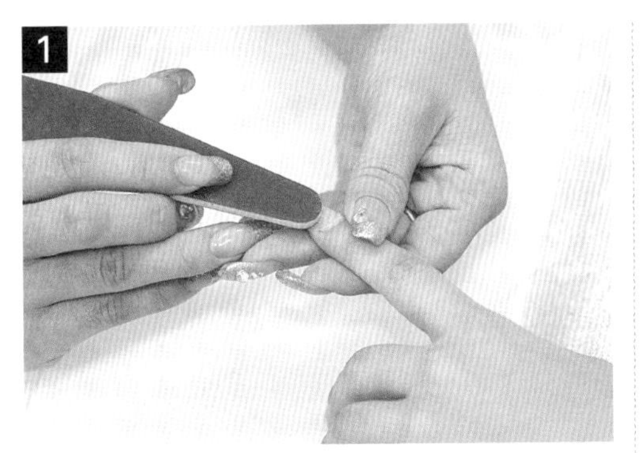

酒精消毒，銼條修型。

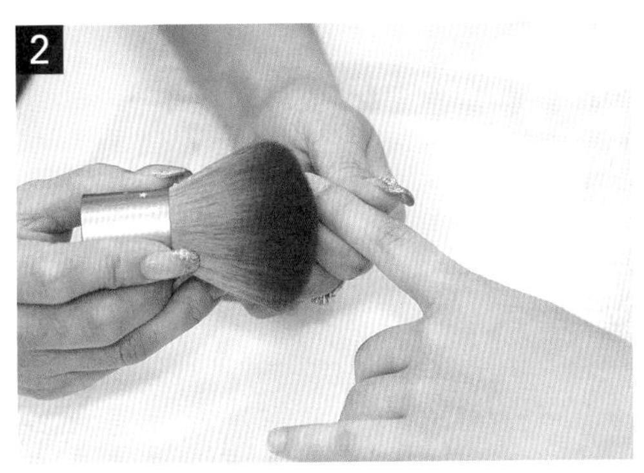

毛刷拭淨甲面。

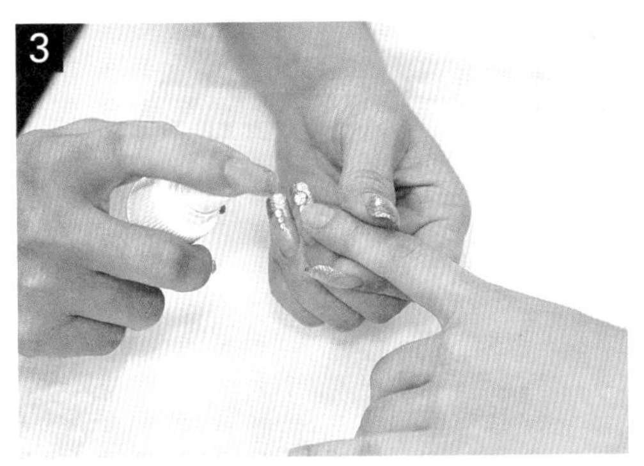

噴防潮劑，去除油脂。

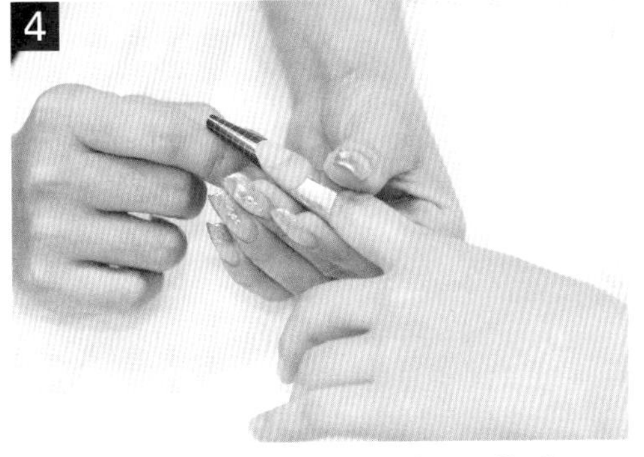

合指模：根據顧客指甲型態，黏妥下端。

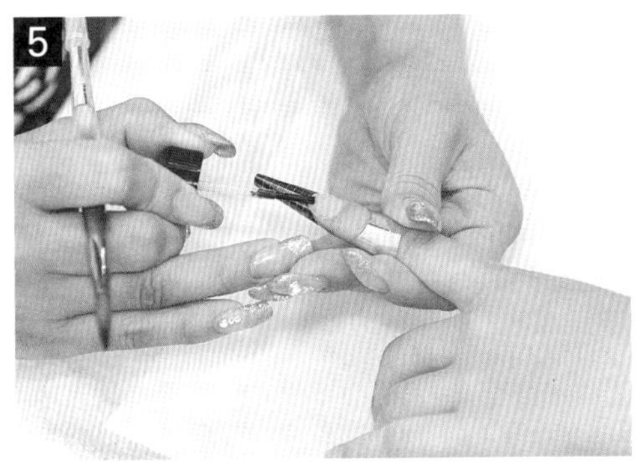

上少量接合劑於甲面。

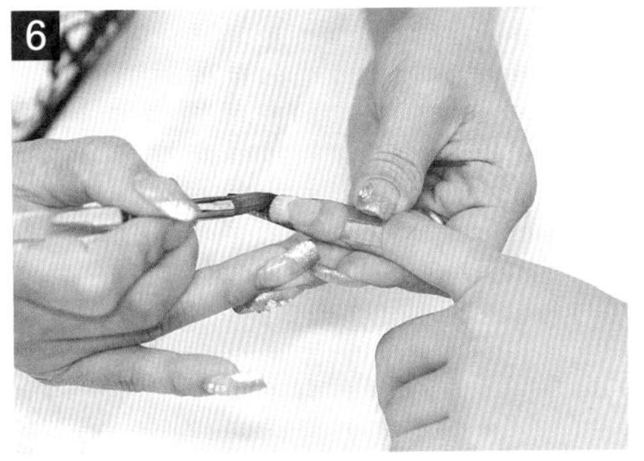

水晶筆沾溶劑取水晶粉（自然色），做出指尖長度、形狀。

加入中段與指緣處。

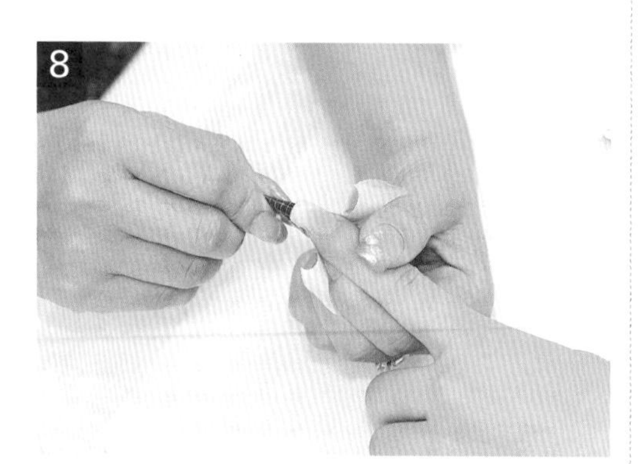

將指模拆除。

銼條修型。

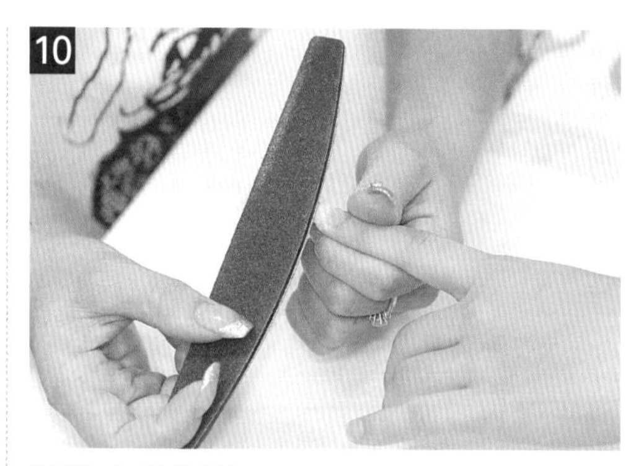

拋細水晶甲面。

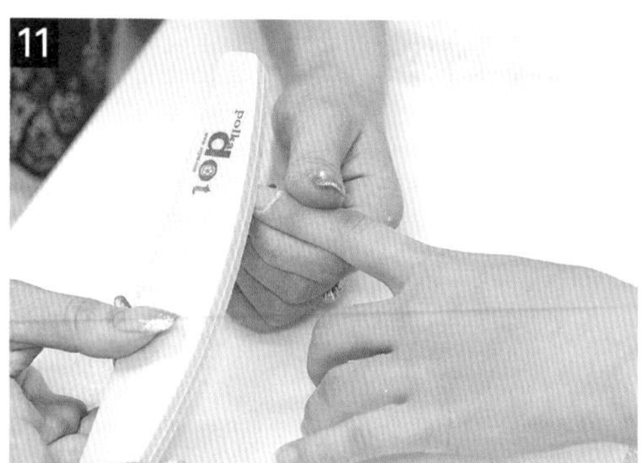

拋光水晶甲面。

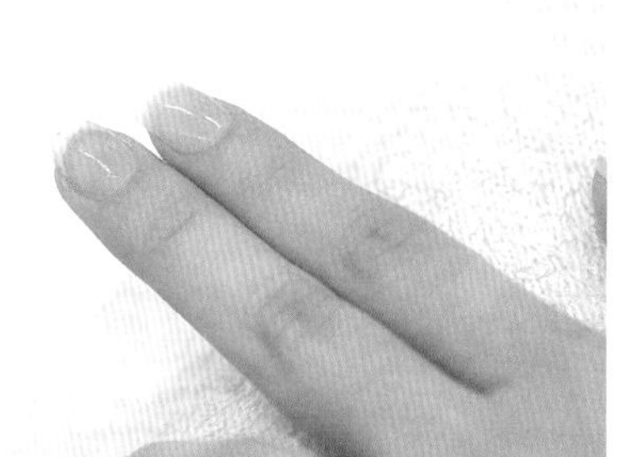

完成作品。

璀璨水晶

修剪真甲長度約0.1cm左右。

黑銼180° 抛粗真甲甲面，使水晶粉易於附著。

毛刷拭淨甲面。

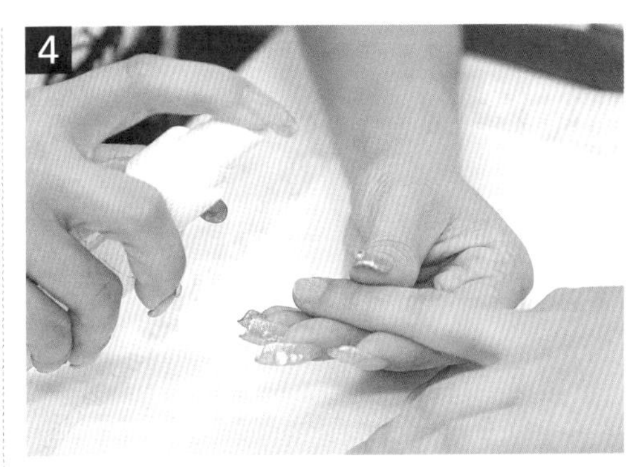

噴灑防潮劑，去除油脂。

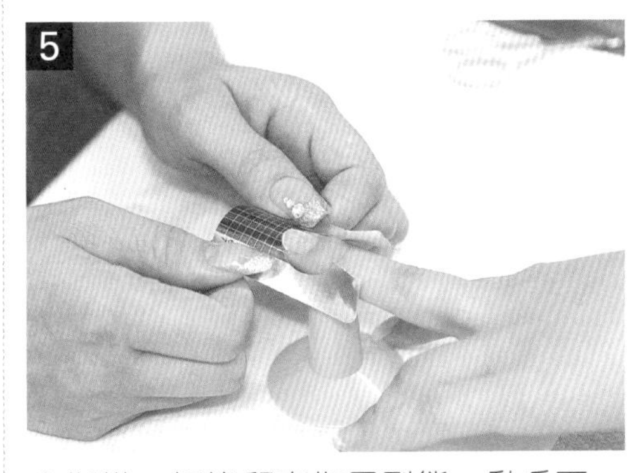

合指模：根據顧客指甲型態，黏妥下端。

上少量接合劑於甲面。

水晶筆沾溶劑取水晶粉（璀璨色），做出指尖長度、形狀。

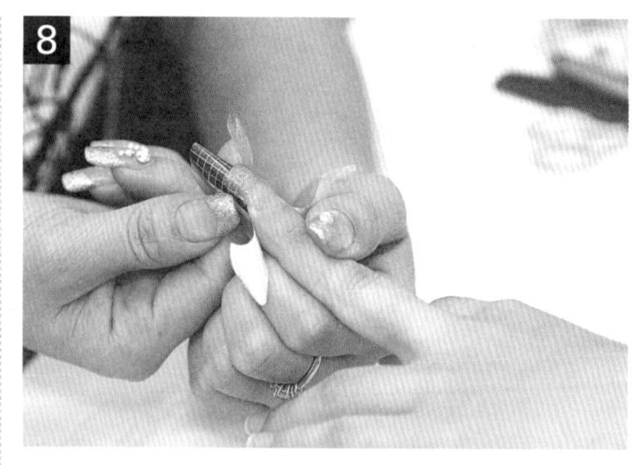

將指模拆除。

加入中段與指緣處。

銼條修磨甲面。

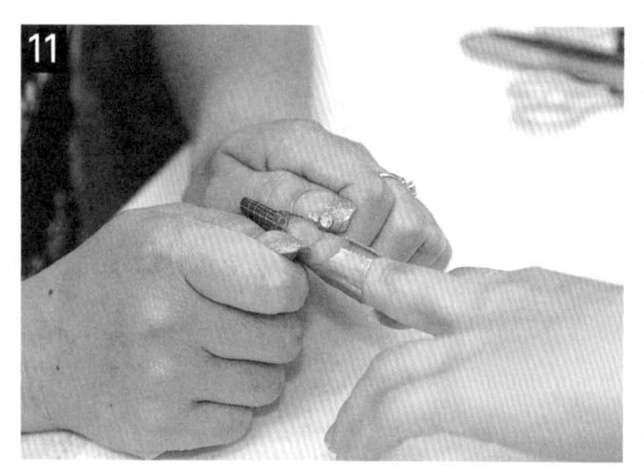

塑造出C型弧度。

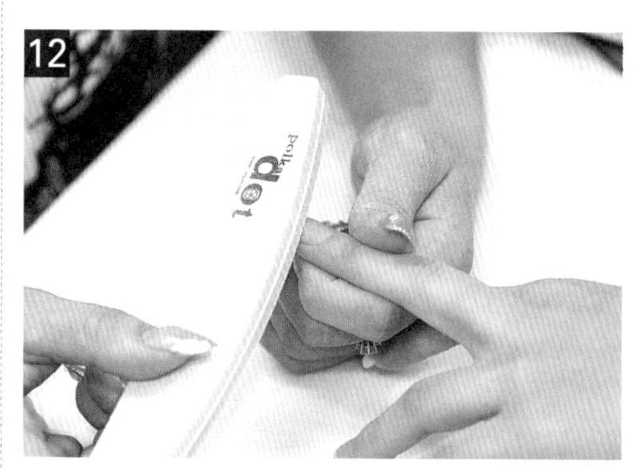

拋光水晶甲面。

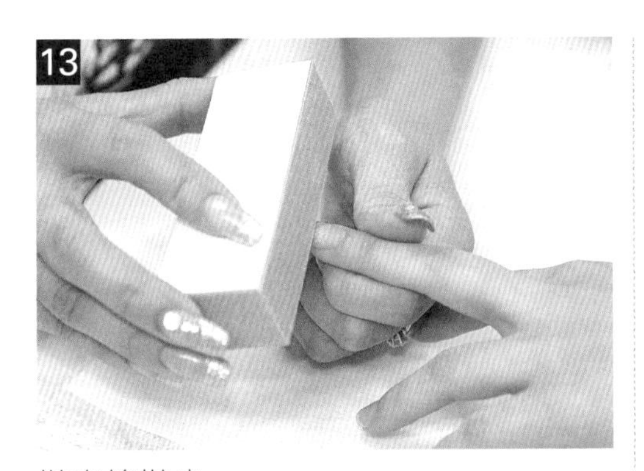

13 拋光棉拋光。

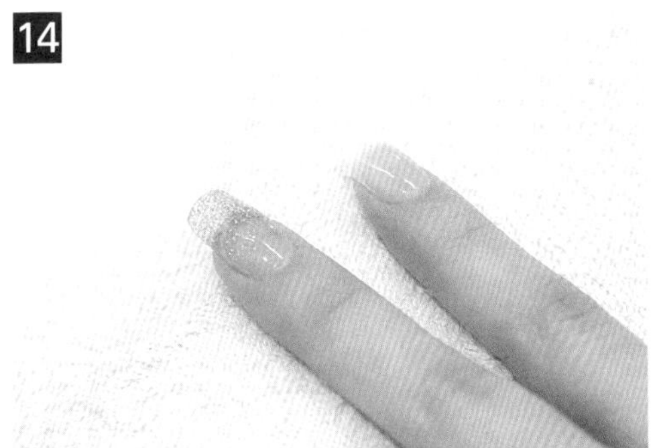

14 完成作品。

11-3 法式水晶

1 酒精消毒，修剪指甲。

2 銼條拋粗甲面。

3 毛刷拭淨。

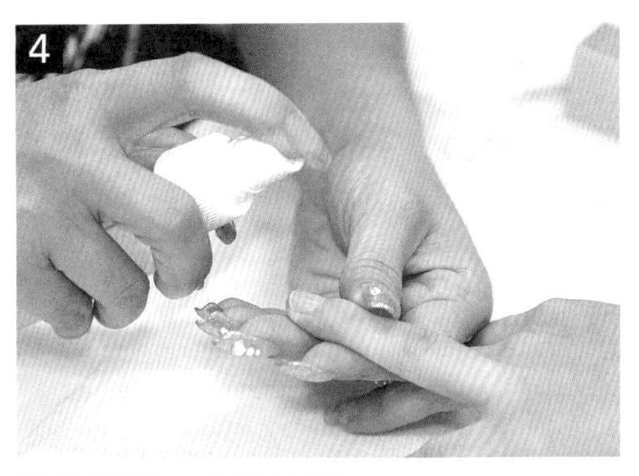

4 噴防潮劑，去除油脂。

合指模－根據顧客指甲型態，黏妥下端。

上接合劑於指甲邊緣。

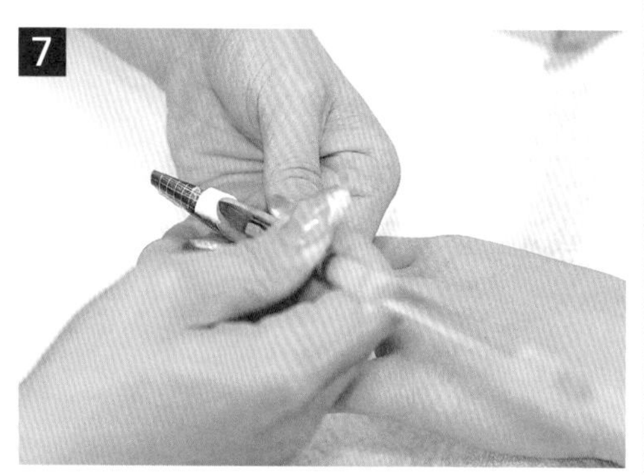

水晶筆沾溶劑取水晶粉（白色），做出法式微笑線、長度與形狀。

加入中段與指緣處（透明色）。

將指模拆除。

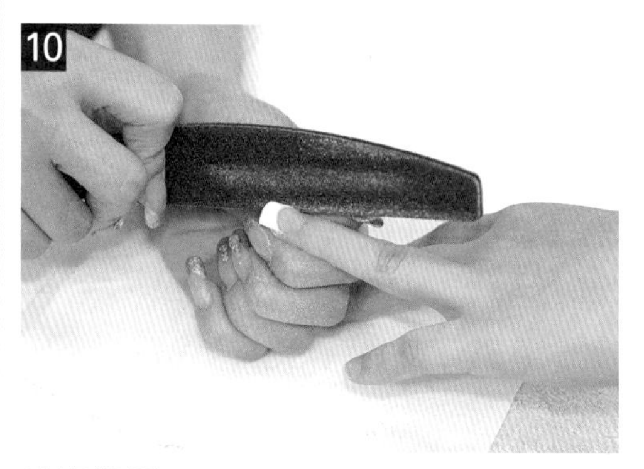

銼條修型。

11

拋光水晶甲面。

拋光棉拋光。

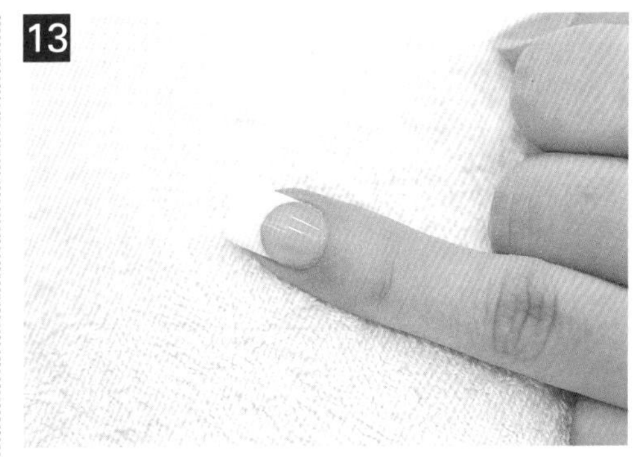

完成作品。

11-4 水晶平面雕塑

一、心型

1
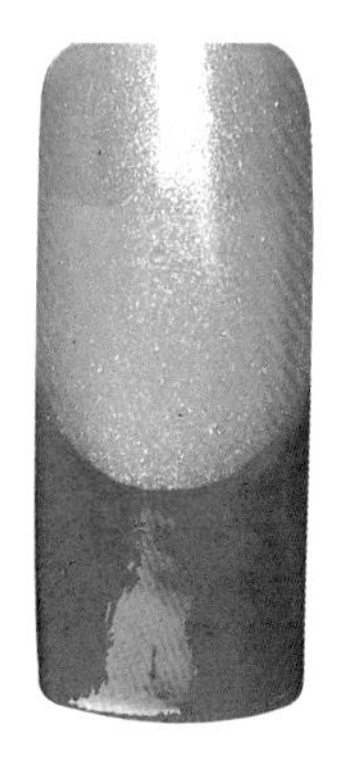
塗上含珠光色粉紅色指甲油，微笑線前緣塗深紅色指甲油。

2

粉雕筆沾溶劑，取白色水晶粉，壓平塑心型。

3

同上，取淡粉紅色水晶粉，壓平塑心型。

4

珠筆黏上亮鑽即完成。

二、五瓣尖花

1

塗上含亮片之淡粉紅色指甲油，粉雕筆沾取白色水晶粉，花心壓平凹陷塑成花型。

2

粉雕筆沾溶劑取桃紅色水晶粉，作球狀點綴花心。

3

同上，桃紅色球狀點綴周圍。

4

同上，白色球狀點綴周圍即完成。

三、水滴花

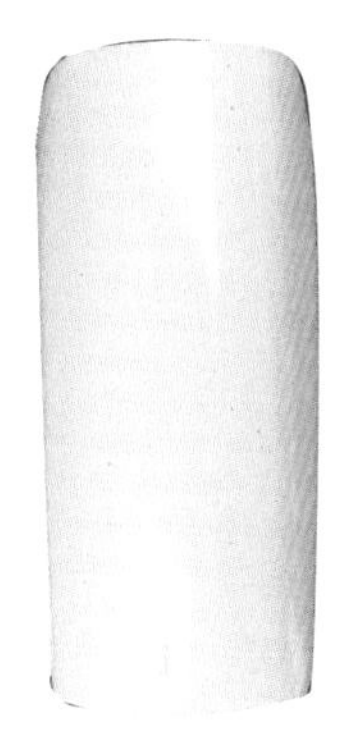

塗上淺綠色指甲油。

2

粉雕筆沾溶劑，取白色和粉色水晶粉拉出水滴狀。

3

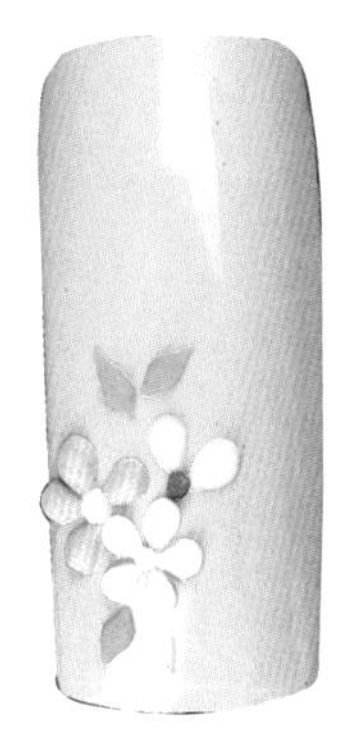

同上，取黃色、紅色水晶粉，作球狀點綴花心。

4

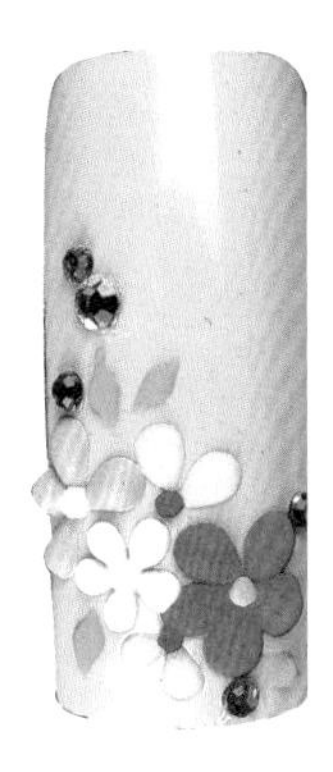

珠筆黏上亮鑽即完成。

四、玫瑰花

1

塗上含亮片之淺黃色指甲油。

2

粉雕筆沾溶劑，取白色＋粉紅色作色彩漸層，重疊第一層花瓣。

3

同上，作出第二層與花心部分，並取黃色＋綠色拉出葉子的形狀。

4

同上，取黃色、綠色作球狀點綴周圍。

11-5 3D水晶立體雕塑

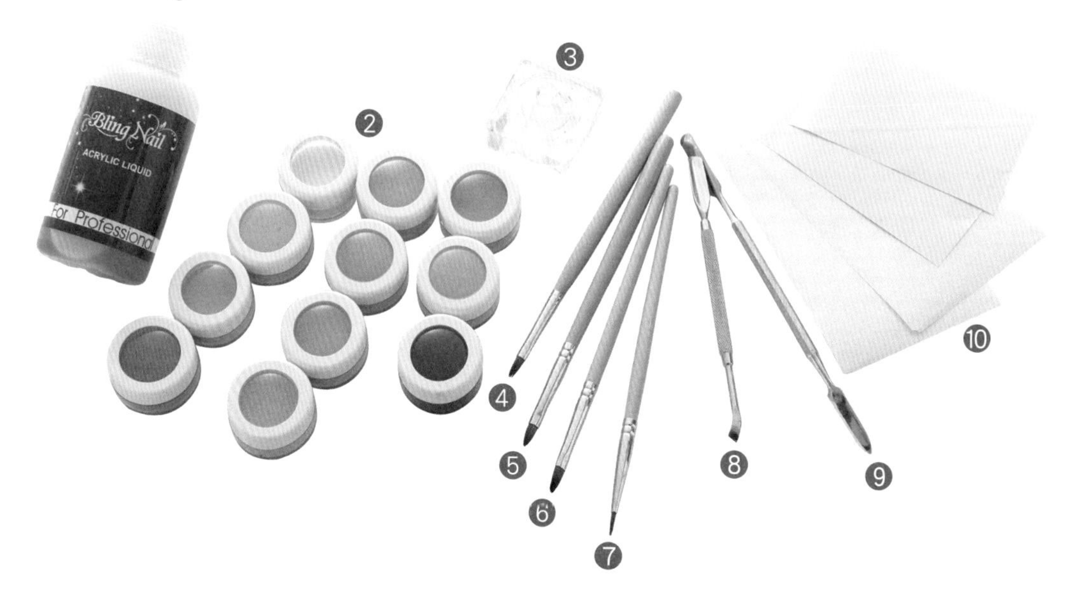

1. 3D快乾水晶溶劑
2. 3D彩色粉雕粉
3. 溶劑杯
4. 3D粉雕筆4#
5. 3D粉雕筆6#
6. 3D粉雕筆8#
7. 3D粉雕筆2#
8. 鋼製推刀（圓彎）
9. 不鏽鋼攪拌棒
10. 防水油面紙

一、3D葡萄

1

取少量溶劑以筆尖快速取起水晶粉。

2

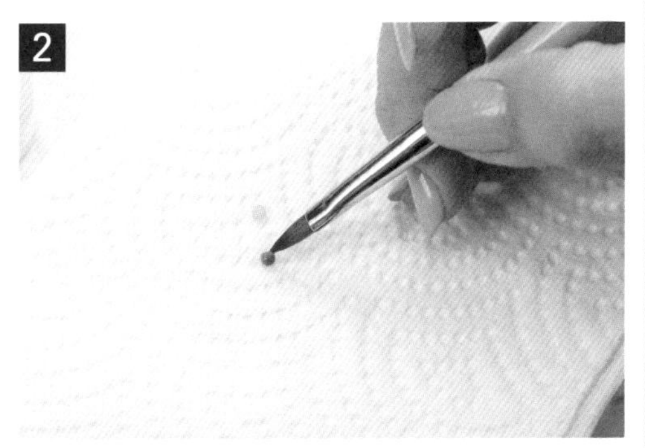

將小粉球放在廚房紙巾上，吸乾水分後形成球形，約5秒後滾動撥開。

3

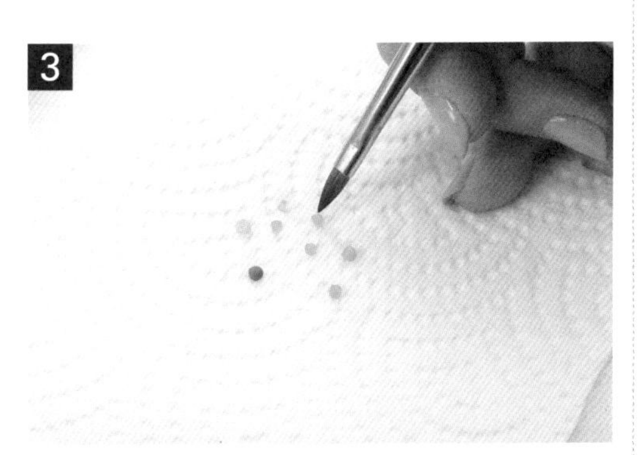

取各式綠色粉雕粉製成小粉球備用，大小不一更生動。

4

收集於盤中。

5

用咖啡色、綠色粉雕粉做出漸層感。

6

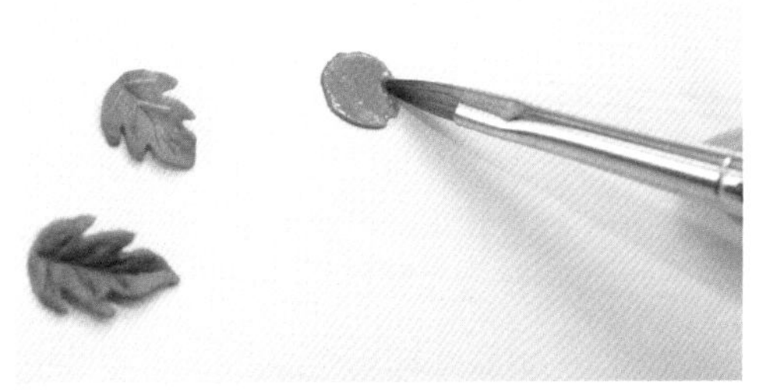

葡萄葉壓寬雕塑成葉形，以筆尖反向做出葉尖。

7

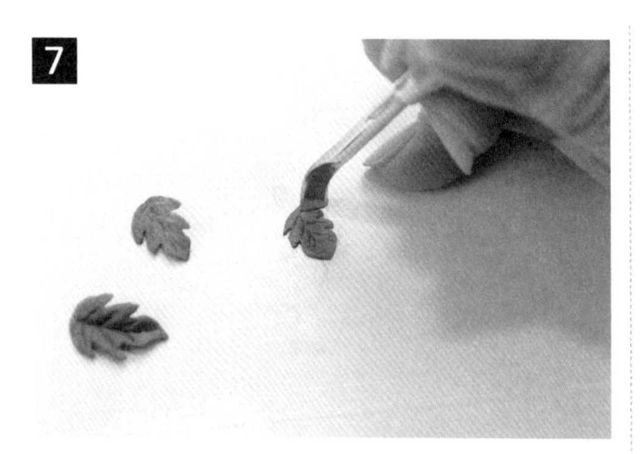

末乾前以鋼推刀圓彎處壓出葉脈紋路。

8

以筆刷將油面紙與葉形之間分離，並側翻出立體感。

9

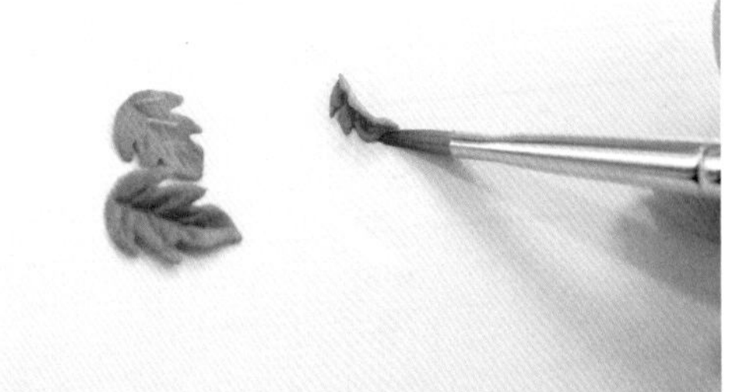

以筆刷調整立體的微彎角度，更顯自然葉形的擬態。

10

捲曲藤鬚－取綠色粉雕粉略濕，以筆刷推拉出長條狀。

11

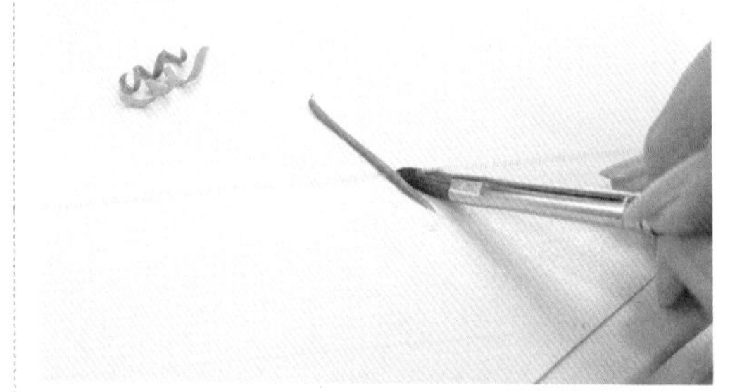

以筆刷持續推拉成長條狀。

12

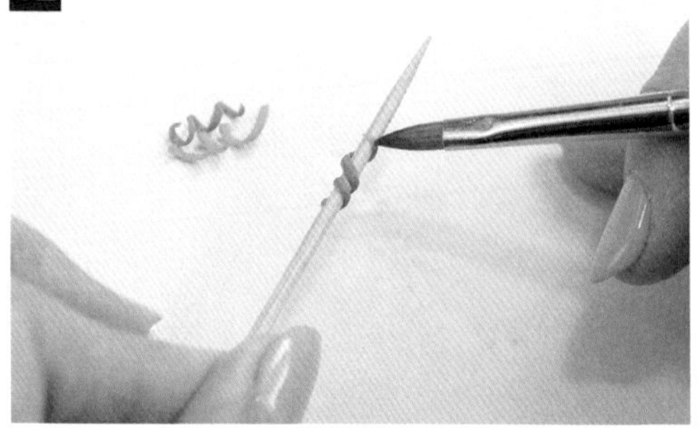

將長條狀捲繞在牙籤上，待10秒左右，略乾取下。（捲繞太久會過於乾燥不易取下！）

13

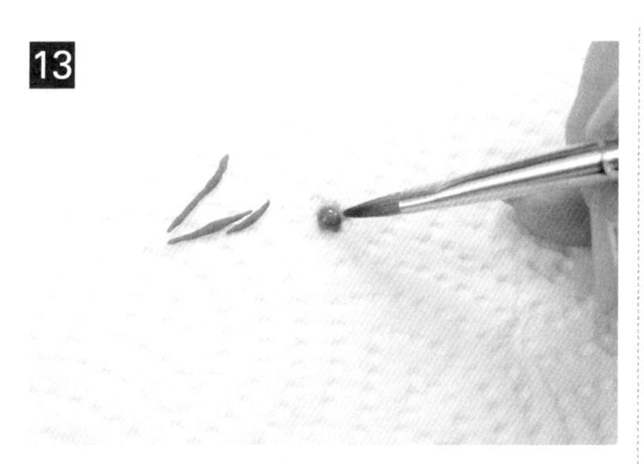

枝條取咖啡色粉雕粉，放置在廚房紙巾上吸乾水分，約待5秒表面略乾。

14

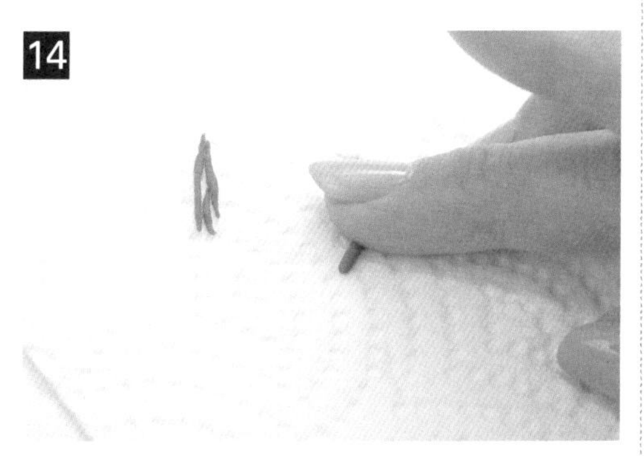

以手指指腹前後搓動成長條柱狀（粉多較粗短、粉少較細長）。

15

將透明甲片以磨甲棉磨霧，使水晶粉易附著。先取透明色放在甲面中間，均勻向上、向下刷平。

16

做出透明色打底後，取深咖啡色在甲片最上方。

17

水晶貂毛筆刷向下刷到1/3處。

18

取咖啡色在1/3處，並向下刷至1/2處。

19

取淺咖啡色依序放置重疊處，並向下刷勻。

20

取淺咖啡色重疊放置，並平整刷勻。

21

金色粉雕粉放置於指尖1/3處。

22

水晶粉以貂毛筆均勻刷平。

23

配件完成。

24

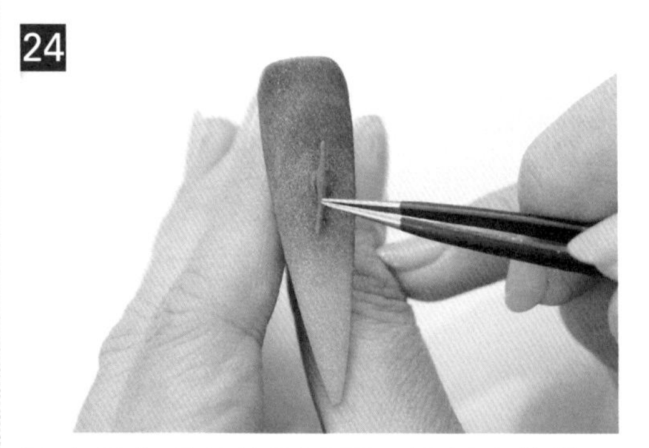

取少量咖啡色放置甲面，待其未乾時先將枝條放置固定，可重疊交錯放置，製造立體感。

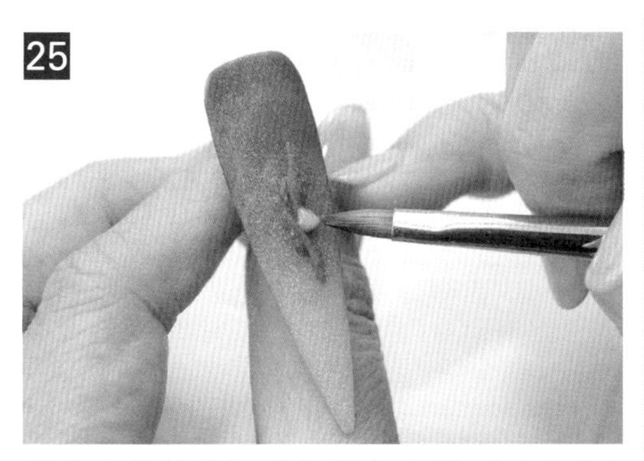

將大顆的葡萄粉球放置在底部，以透明水晶粉沾黏。

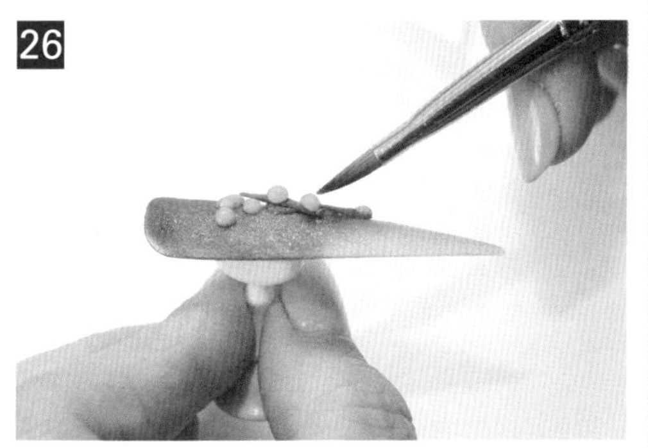

側面視角有高低、大小的自然擬態。

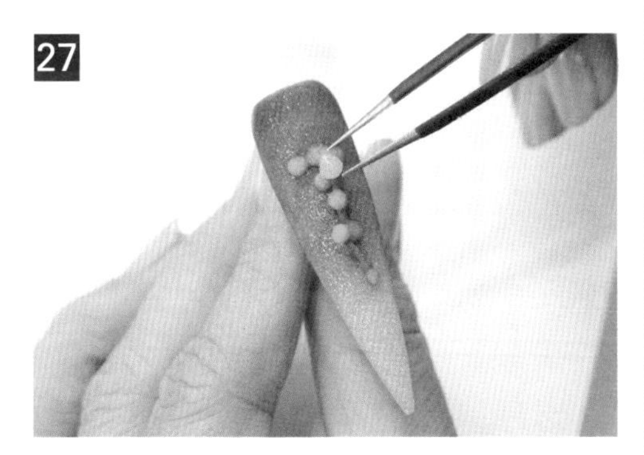

葡萄串為上寬下窄之設計。

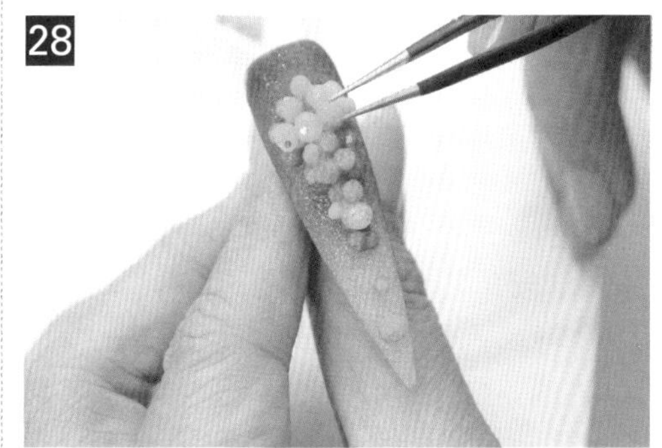

依序堆疊葡萄粉球層次粒粒分明。

葡萄串上方取透明水晶粉沾黏葡萄葉。

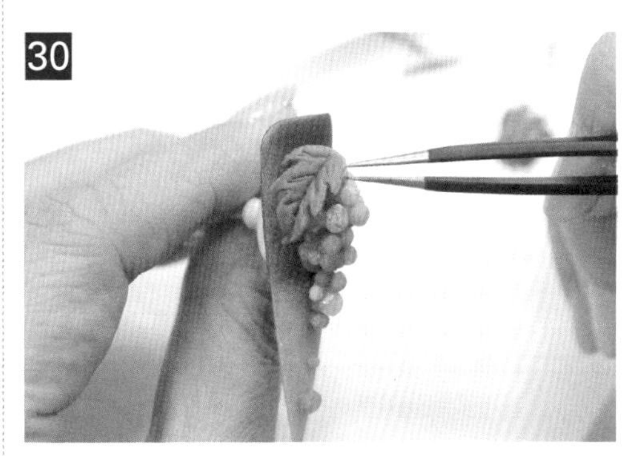

以鑷子放置大小片之葡萄葉。

31

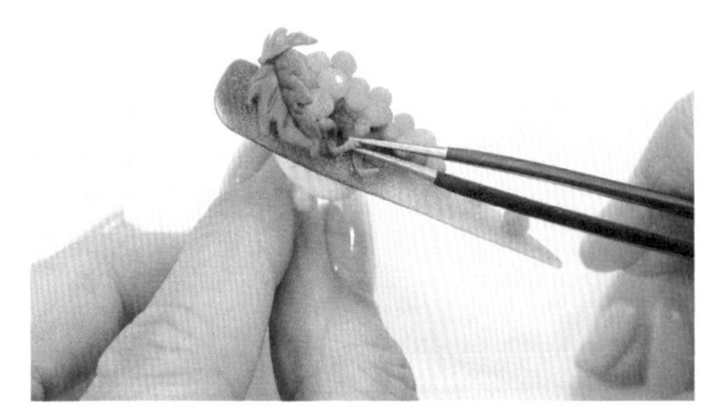

將葡萄藤鬚填充在縫細處，擬態形成組合。

32

作品。

二、3D沙漠仙人掌

1

取綠色粉雕粉在油面紙上做出長短平面柱狀仙人掌，乾燥後取下。

2

將取下的2D平面柱狀仙人掌，以水晶粉固定在牙籤上，添加粉雕粉增加其立體感。

3

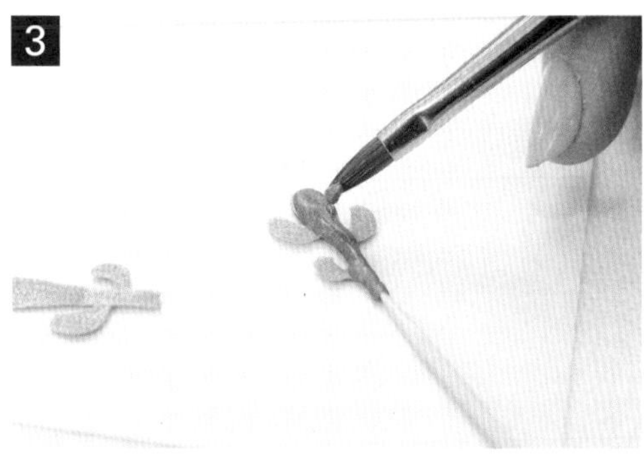

取綠色粉雕粉增加背面的立體度。

4

金字塔－在油面紙背面畫出三角形之分解圖，翻正面後可看出大略痕跡。

5

取咖啡色粉雕粉拍壓出三角形。

6

未乾時以攪拌棒側面輕壓出折痕，並翻起側邊待其乾燥即定型。

7

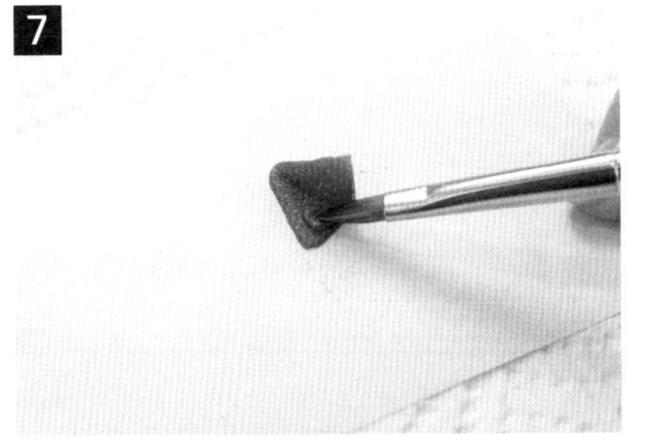

金字塔內側填入咖啡色水晶粉。

8

未乾時將球狀的咖啡色水晶粉，填充在金字塔內並固定之。

9

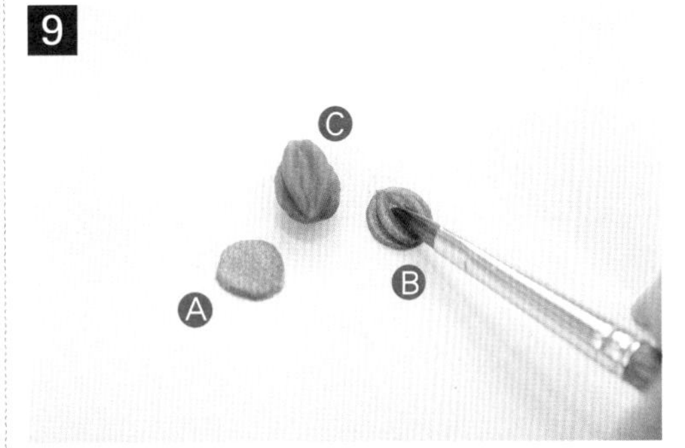

桶狀仙人掌—A→B組合做2組，再將2組合成C的立體桶狀仙人掌。

10

長尖型甲片以彩色粉雕粉漸層刷開待其乾燥。

11

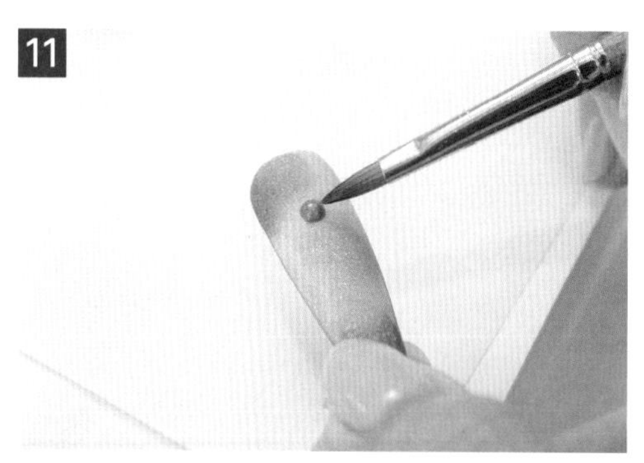

取綠色粉雕粉放置於甲面。

12

未乾時以鑷子夾取柱狀仙人掌，黏貼約10秒左右即可固定。

13

相同技巧固定金字塔。

14

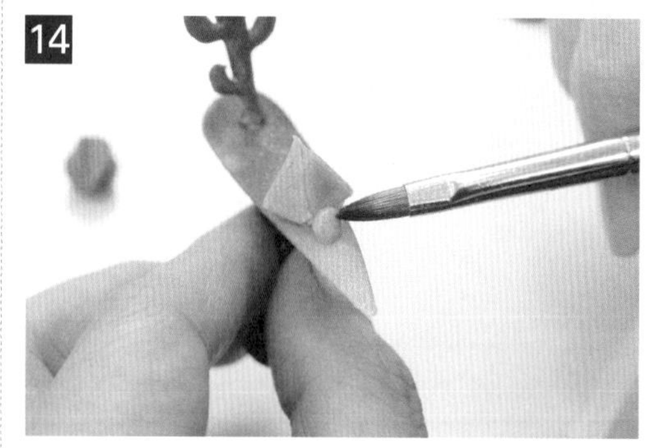

金字塔底部較寬，無法平貼在甲面上，取同色粉雕粉填於底部。

作品。

三、3D玫瑰花

1

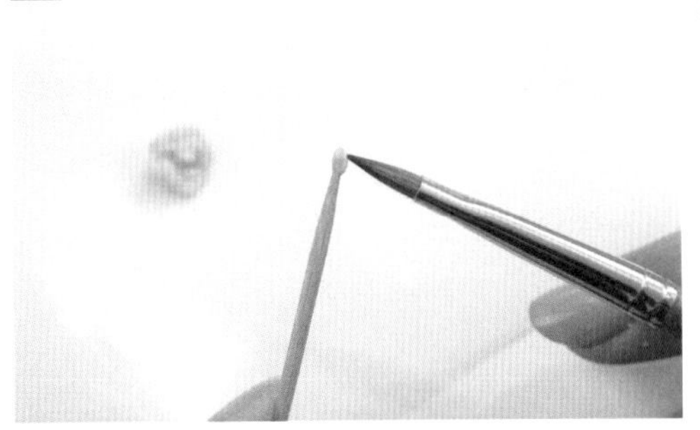

沾取粉紅及黃色水晶粉在牙籤上，做出玫瑰花的蕊心，粉球略為乾燥更立體。

2

沾取水晶粉在油面紙上，拍壓出雙色的玫瑰花瓣（前端薄、後端厚）。

3

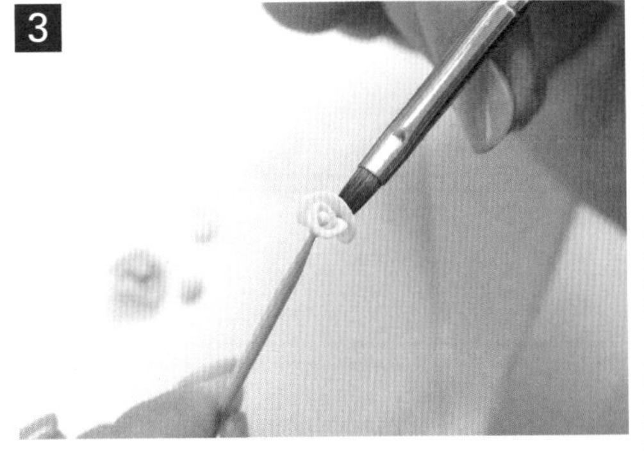

未乾時以筆刷翻起花瓣，壓貼在蕊心之外，堆疊出玫瑰花。

4

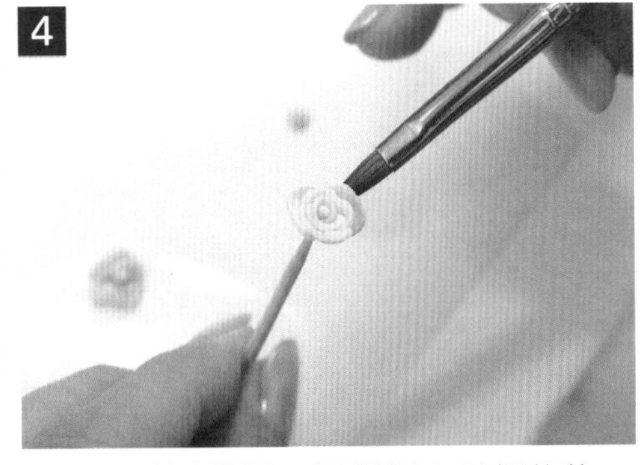

大片的花瓣堆疊，需掌握水晶粉的乾燥程度。

5

葉子一取深淺之綠色水晶粉，推壓出葉形。

6

未乾時以鋼製推刀工具，壓出葉子的脈絡紋路。

7

以葉脈為中心翻起葉形，製造立體效果。

10

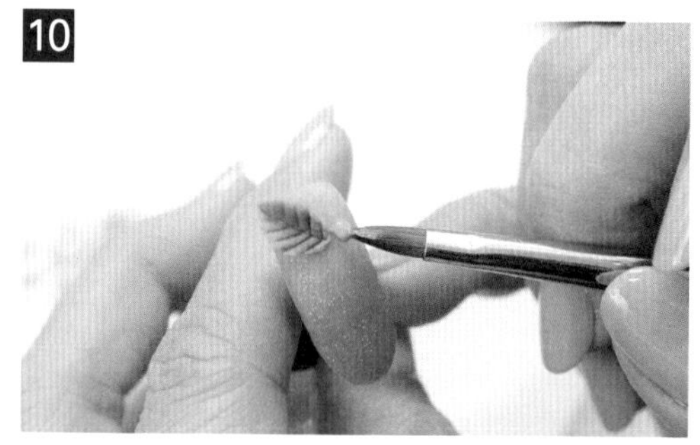

取綠色水晶粉放在甲面上，未乾前將葉子黏貼。

8

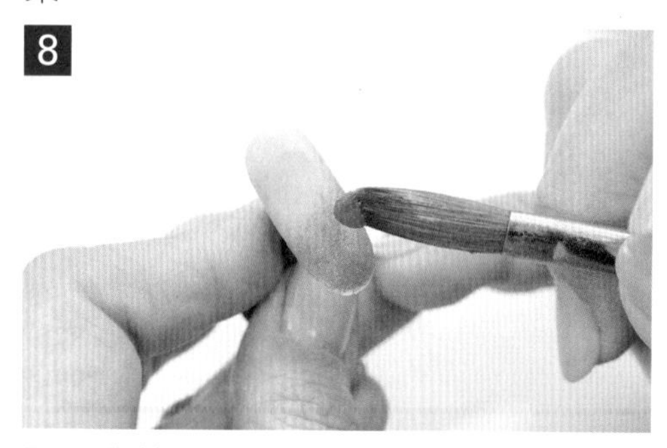

取深淺藍色水晶粉依序做出漸層感之背景。

11

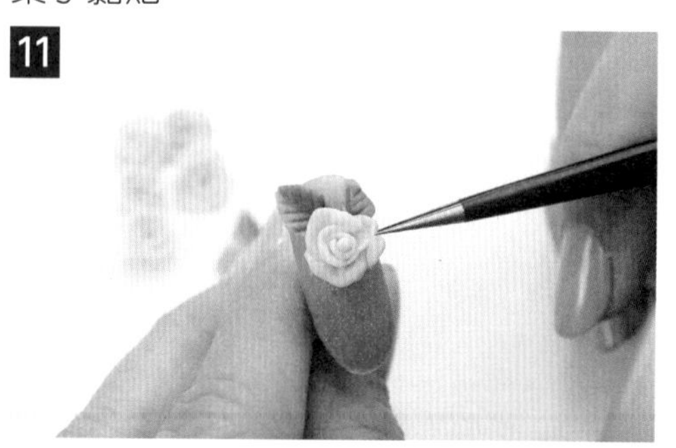

取水晶粉在甲面上未乾時放置玫瑰花。

9

製作好玫瑰花、葉子等配件。

12

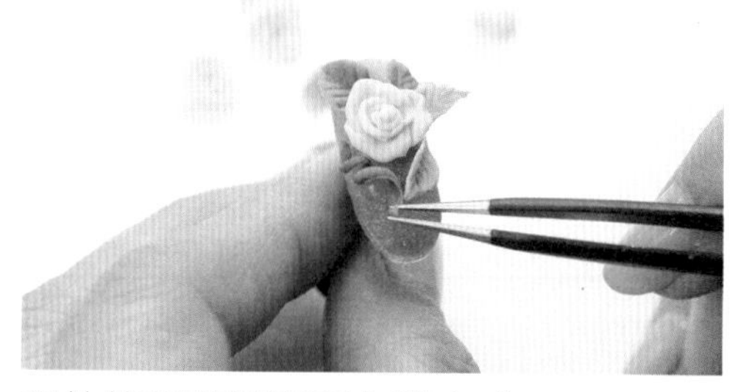

配件依序放置甲面上即完成。

13

作品。

四、3D海芋花

1

取綠色粉雕粉拍壓出長形狀葉子。

2

未乾時以攪拌棒壓出中心葉脈紋路。

3

以筆刷分離油面紙與葉子，並翻起側邊呈立體狀。

4

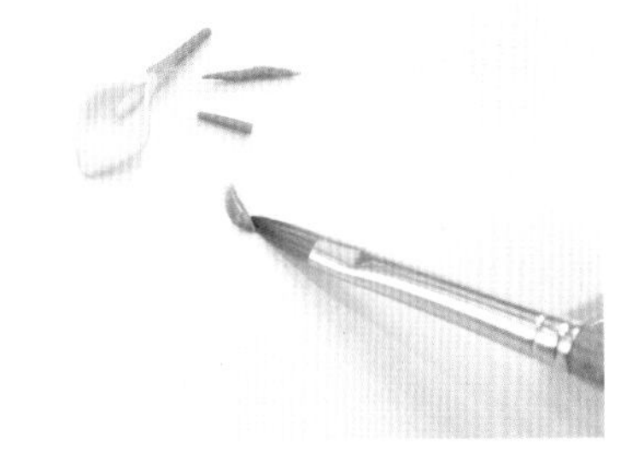

海芋柄－取綠色做出長柄狀。

5

海芋花朵－取色粉，先取白色。

6

再取少量的黃色做出漸層感。

取溶劑加水晶粉放在油面紙上，以水晶筆拍壓。

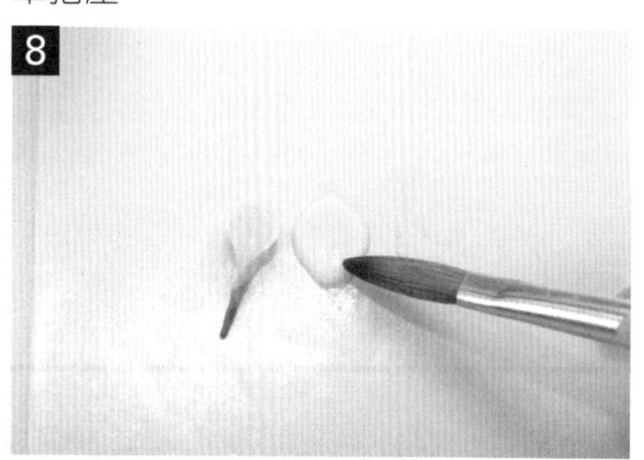

拍壓出菱形的狀態，下端需薄一些有利捲起效果。

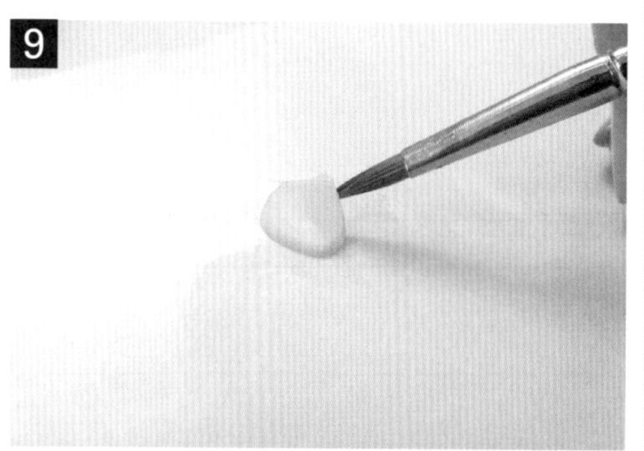

約10秒左右，分離油面紙與花瓣並翻起單側。

在花瓣中央放入海芋柄。

未乾時沾取少量水晶溶劑沾黏，擬態組合而成。

左右兩側完全覆蓋海芋柄即可。

13

花蕊心—取少量黃色粉雕粉推拉完成待乾。

14

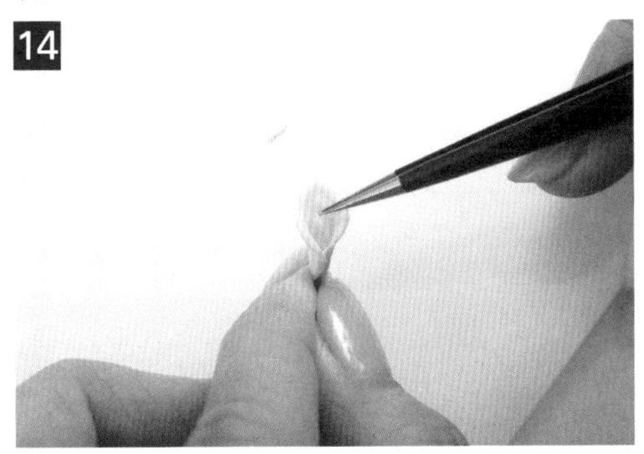

鑷子夾蕊心放入花瓣中。

15

配件備用。

16

長葉形、海芋花朵、漸層甲片（可參考葡萄底部甲片的步驟）。

17

取透明水晶粉放置於甲面1/3處。

18

挑選最大朵的海芋花朵放置中間固定。

19

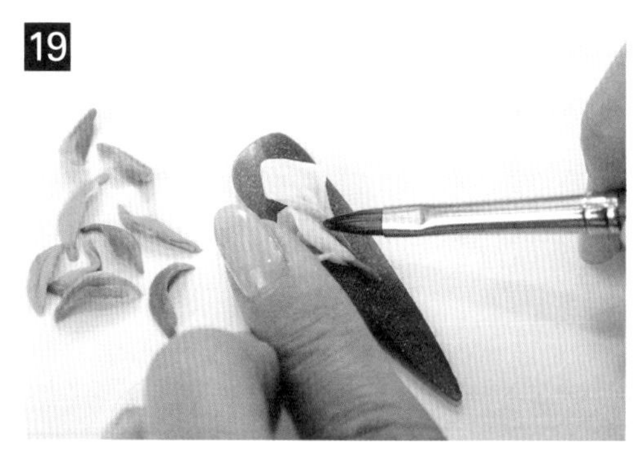

海芋花朵放置左下方處。

20

調整方向時可重疊兩朵的長柄處。

21

海芋花左右交錯堆疊形成花束之設計。

22

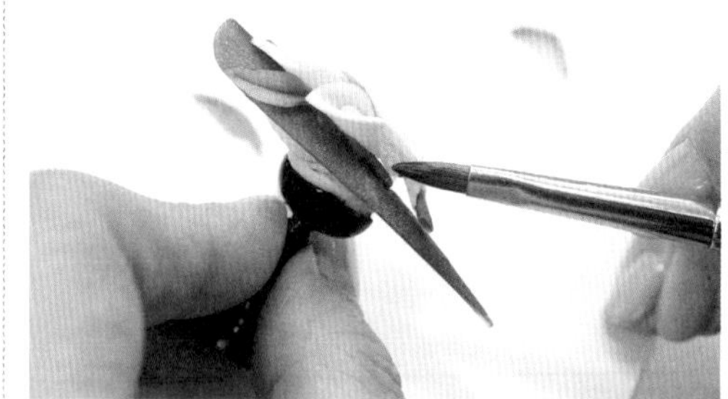

縫隙處取透明水晶粉填入，將葉子附著固定。

23

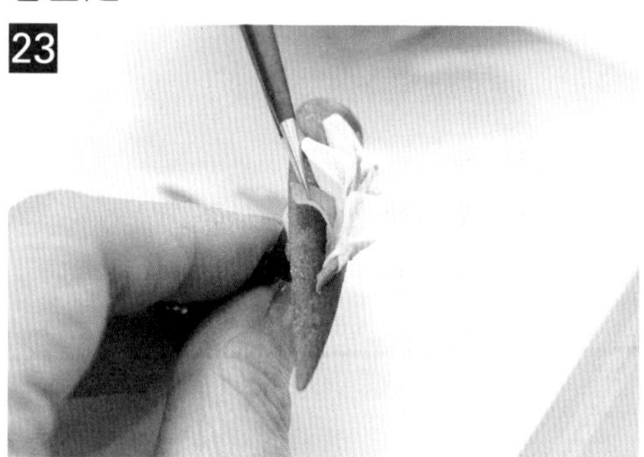

花朵縫隙處填入海芋葉子。

24

作品。

11-6 夾心粉雕延長

粉雕產品介紹

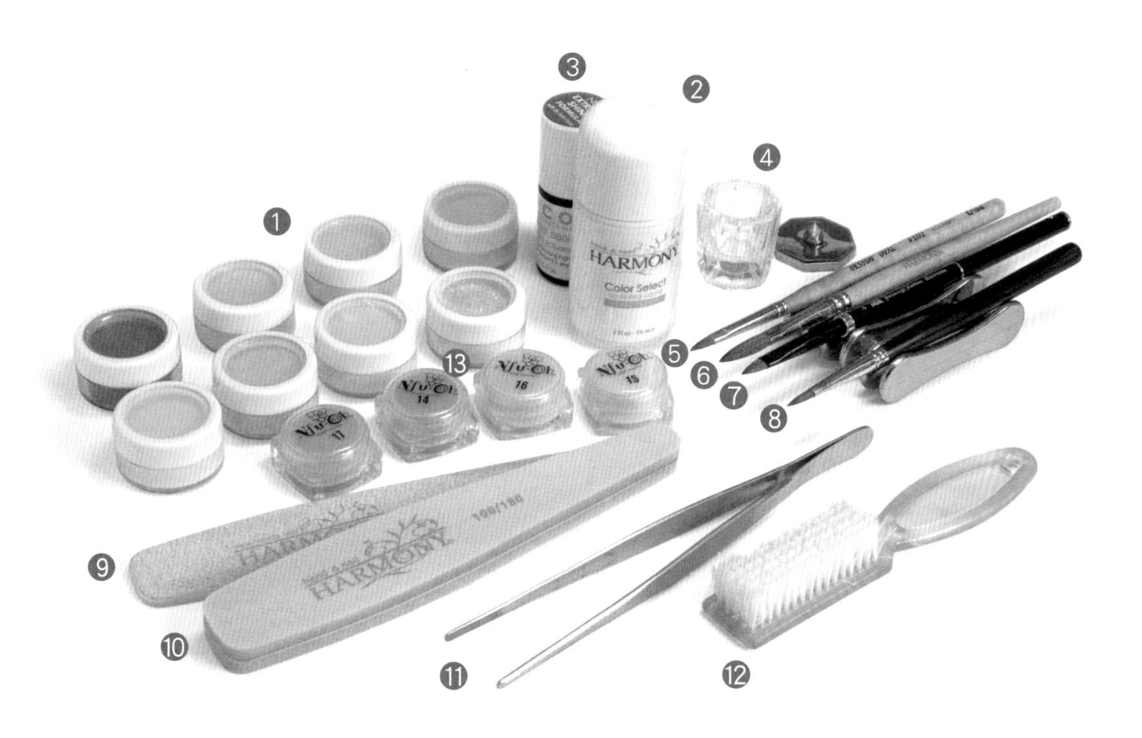

1. 璀璨水晶粉
2. 水晶專用溶劑
3. 無漬上層凝膠
4. 附蓋溶劑杯
5. 2號粉雕專用筆
6. 10號水晶專用筆
7. 4號粉雕專用筆
8. 6號粉雕專用筆
9. 150/150修型銼條
10. 100/180海綿銼條
11. 鋼製夾
12. 清潔小刷
13. 彩色水晶粉

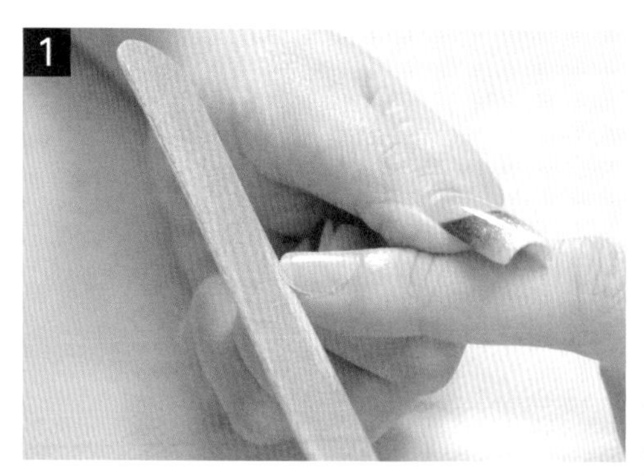

酒精消毒，銼條修飾外型。

上指緣軟化劑。

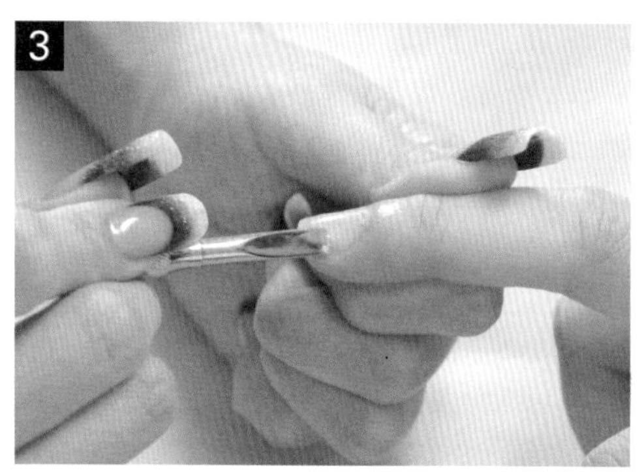

鋼製推刀將甲皮往上輕推。

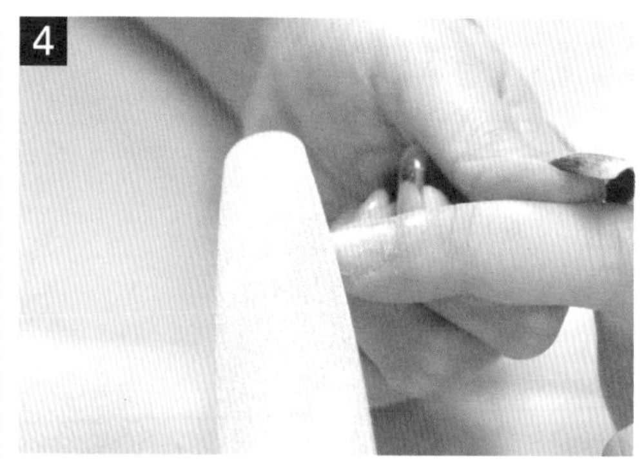

銼條180°將表面拋粗。

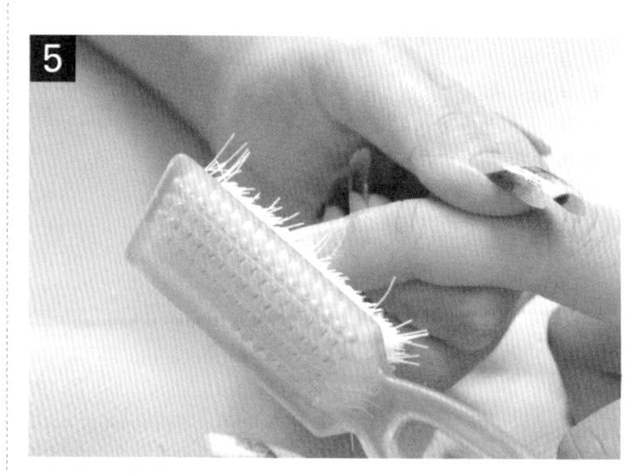

除塵刷拭淨。

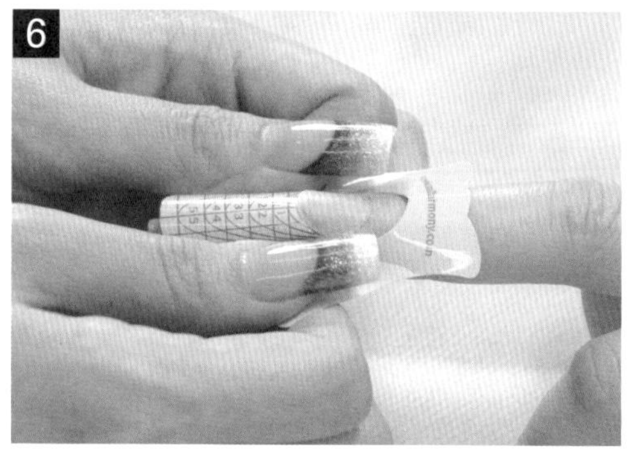

合指模：根據顧客指甲型態，黏妥下端。

7

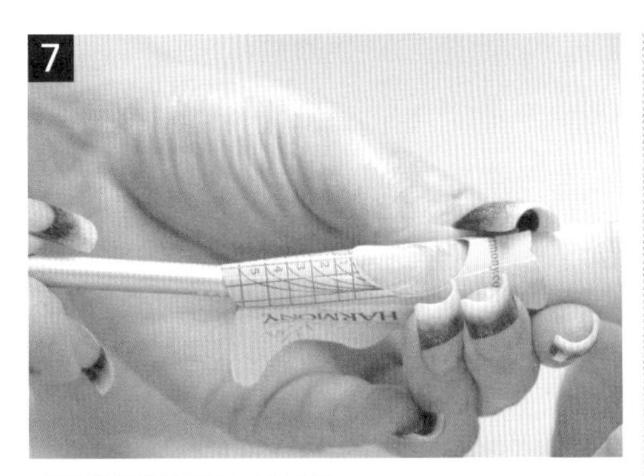

C型塑型棒固定外型。

8

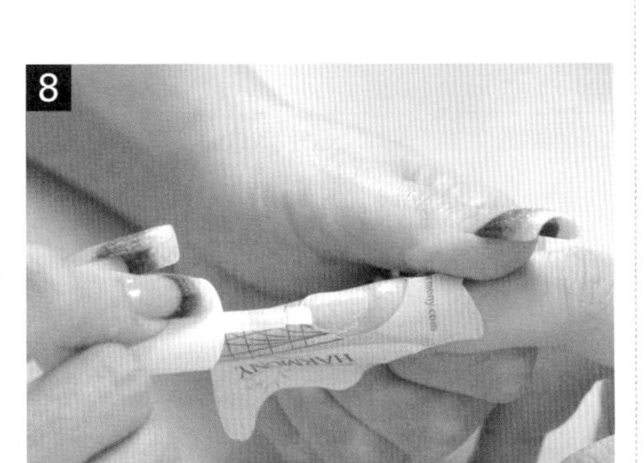

防潮平衡劑塗甲面。

9

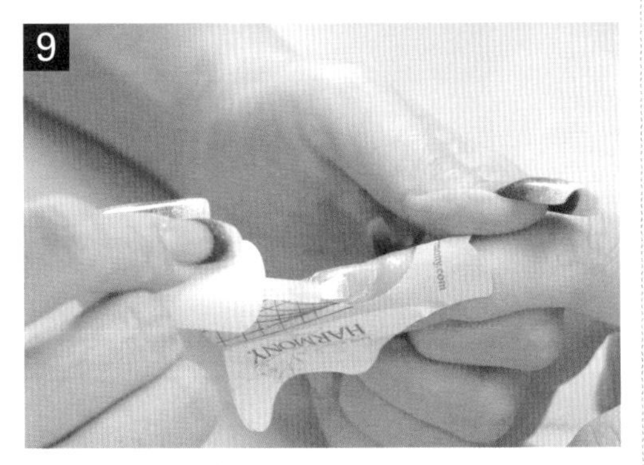

接合固定劑塗甲面。

10

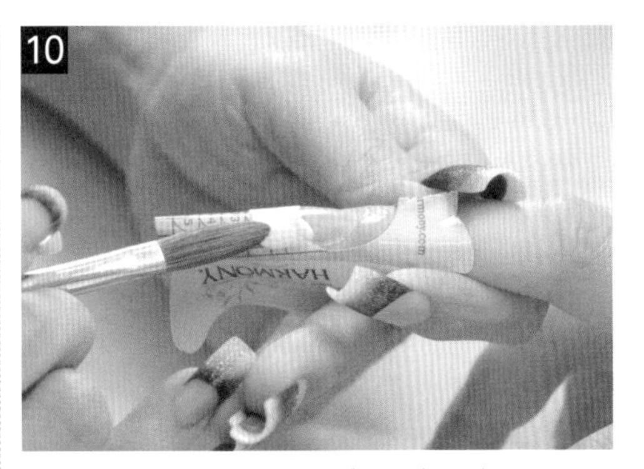

水晶筆沾溶劑，沾取白色水晶粉，壓平塑型。

11

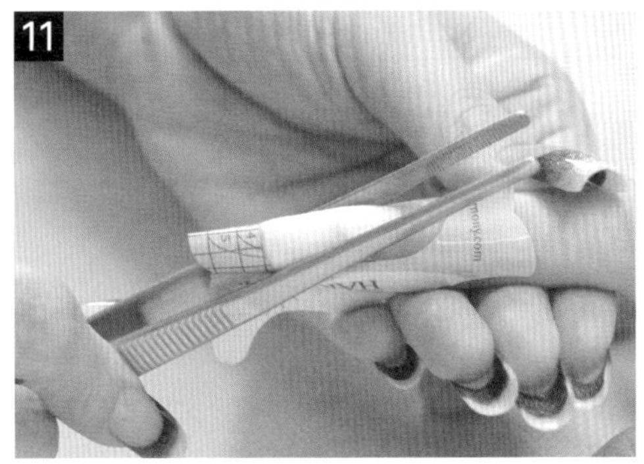

鋼製夾壓塑型。

12

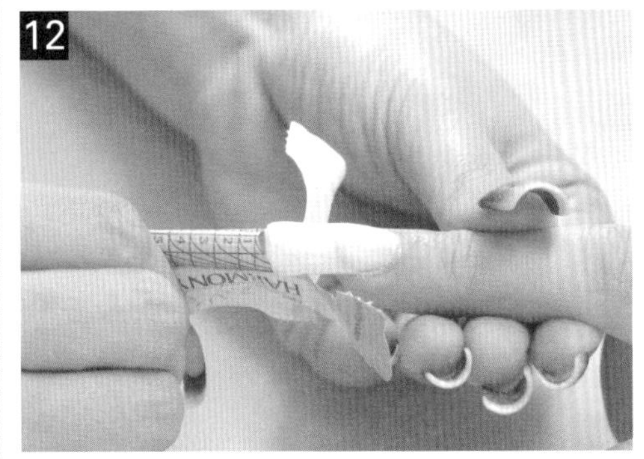

將指模拆除。

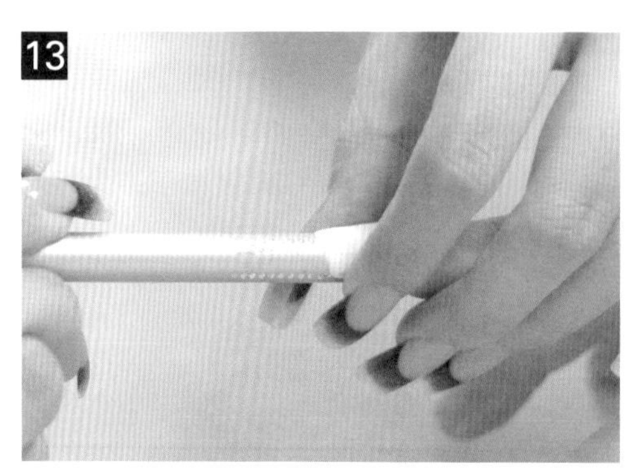

C型塑型棒調整出寬度、弧度。

14 人像圖案繪製，水晶粉設計：紫→藍→璀璨亮粉（背景）

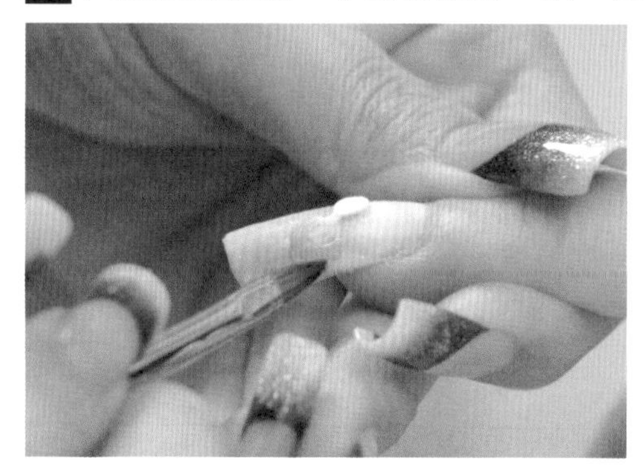

白（臉、頸、手、髮流）。

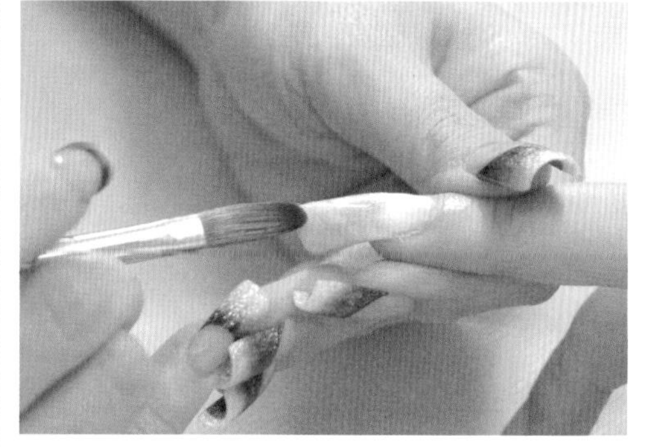

深藍（頭髮）。

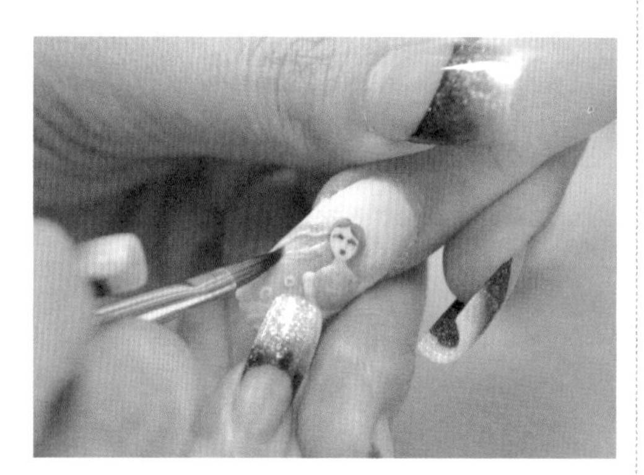

藍（服裝）。

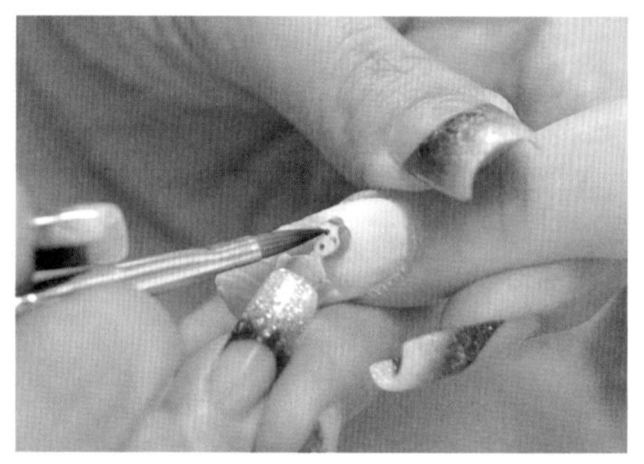

黑（眼、唇）。

水晶筆沾溶劑，沾取白色水晶粉覆蓋其上。

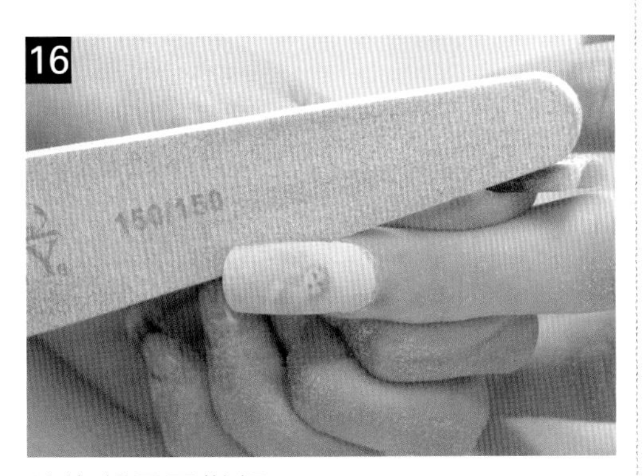

銼條將甲面拋粗。

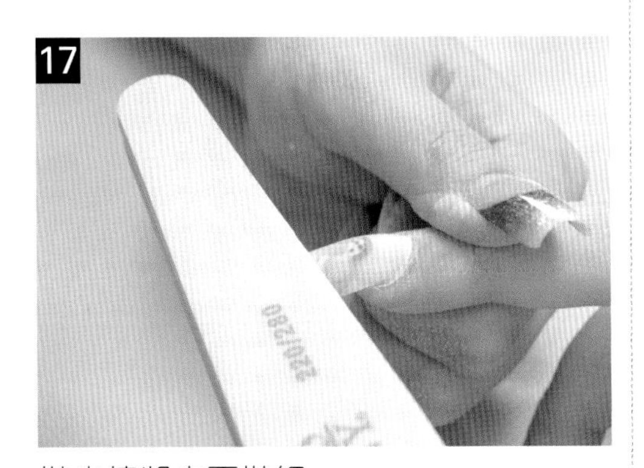

拋光棒將表面拋細。

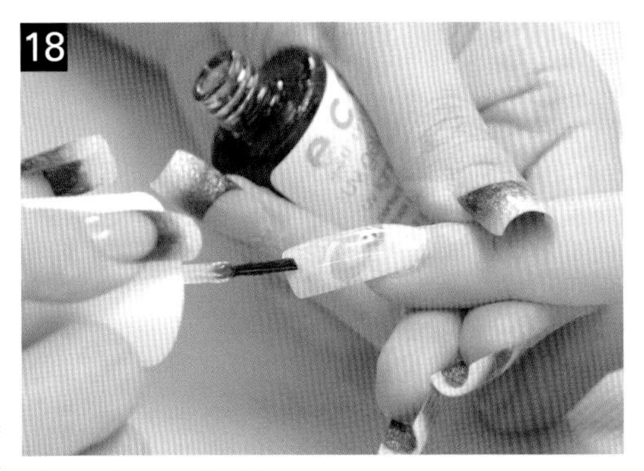

表面塗上層凝膠。

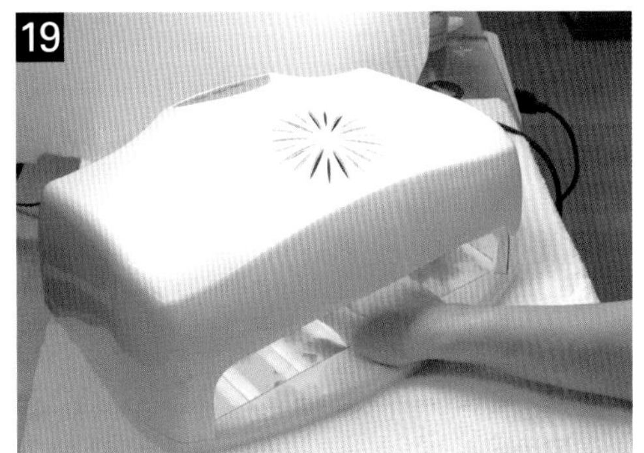

照射凝膠燈約60秒。

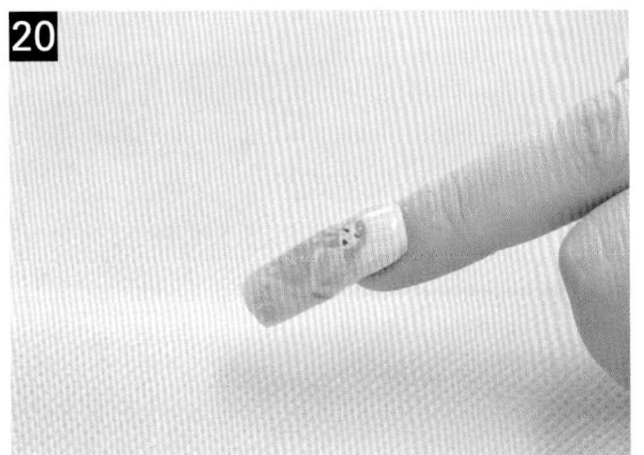

完成圖。

美甲彩繪
NAIL ART
專業凝膠設計與護理

12

CHAPTER

作品欣賞

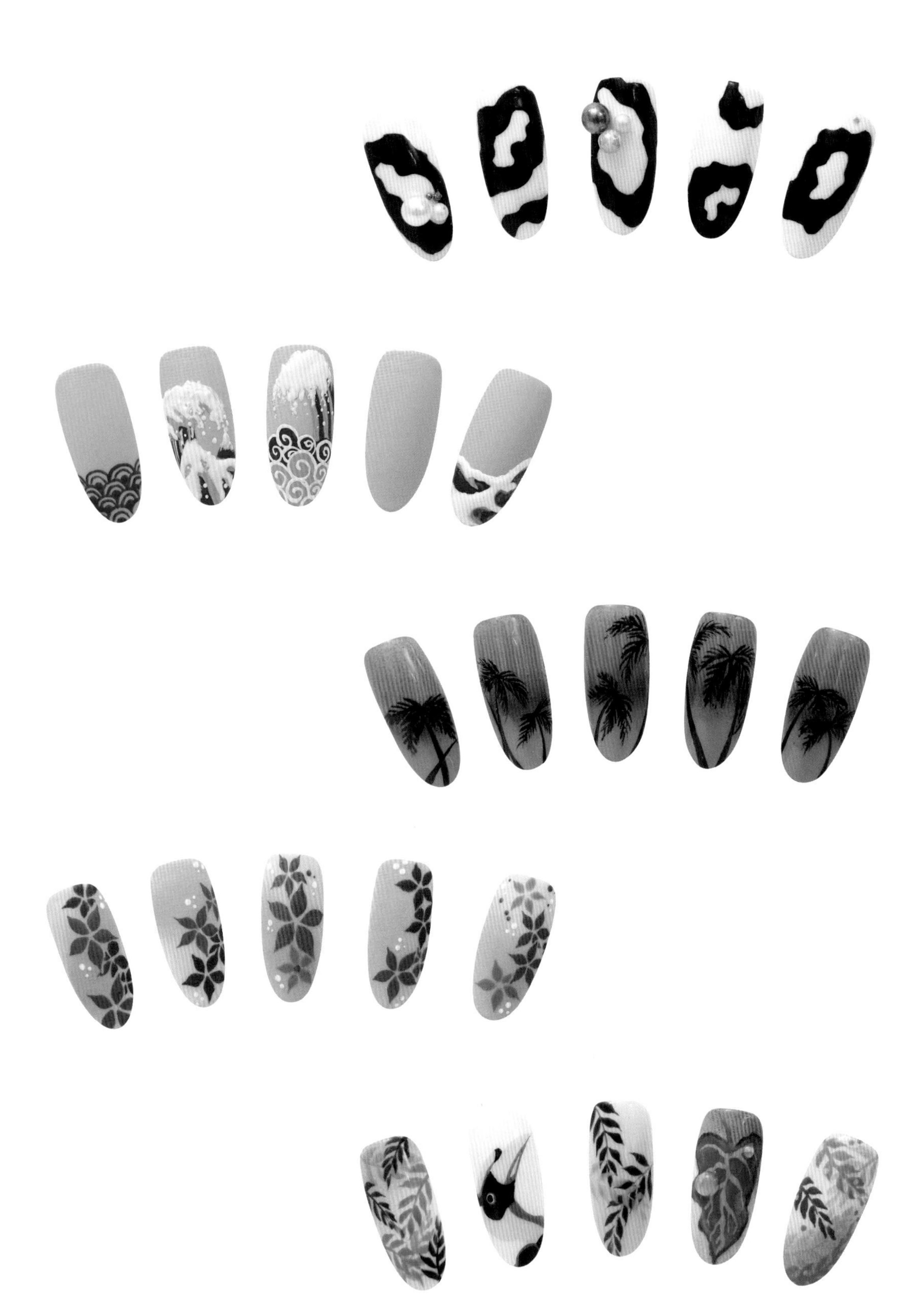

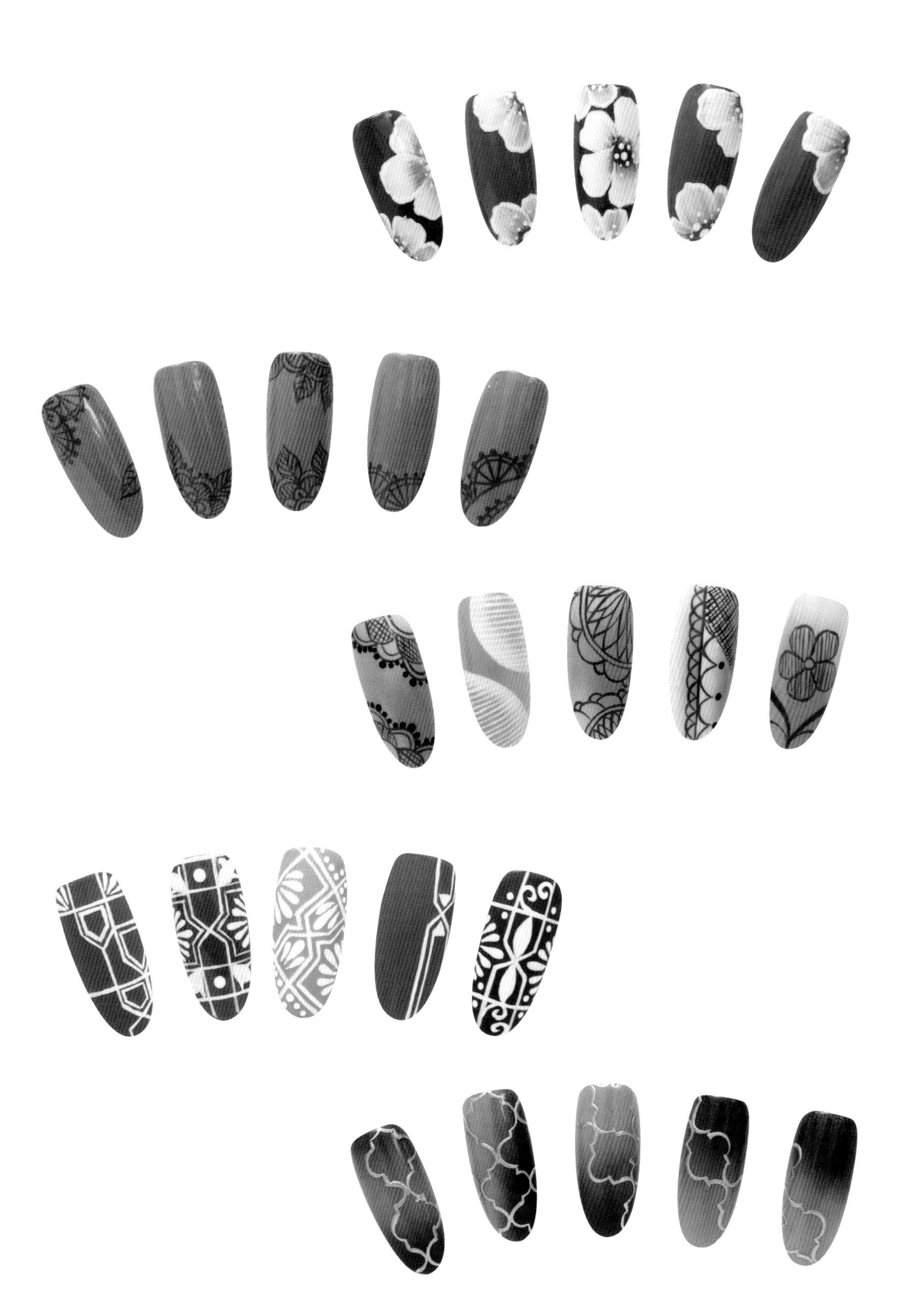

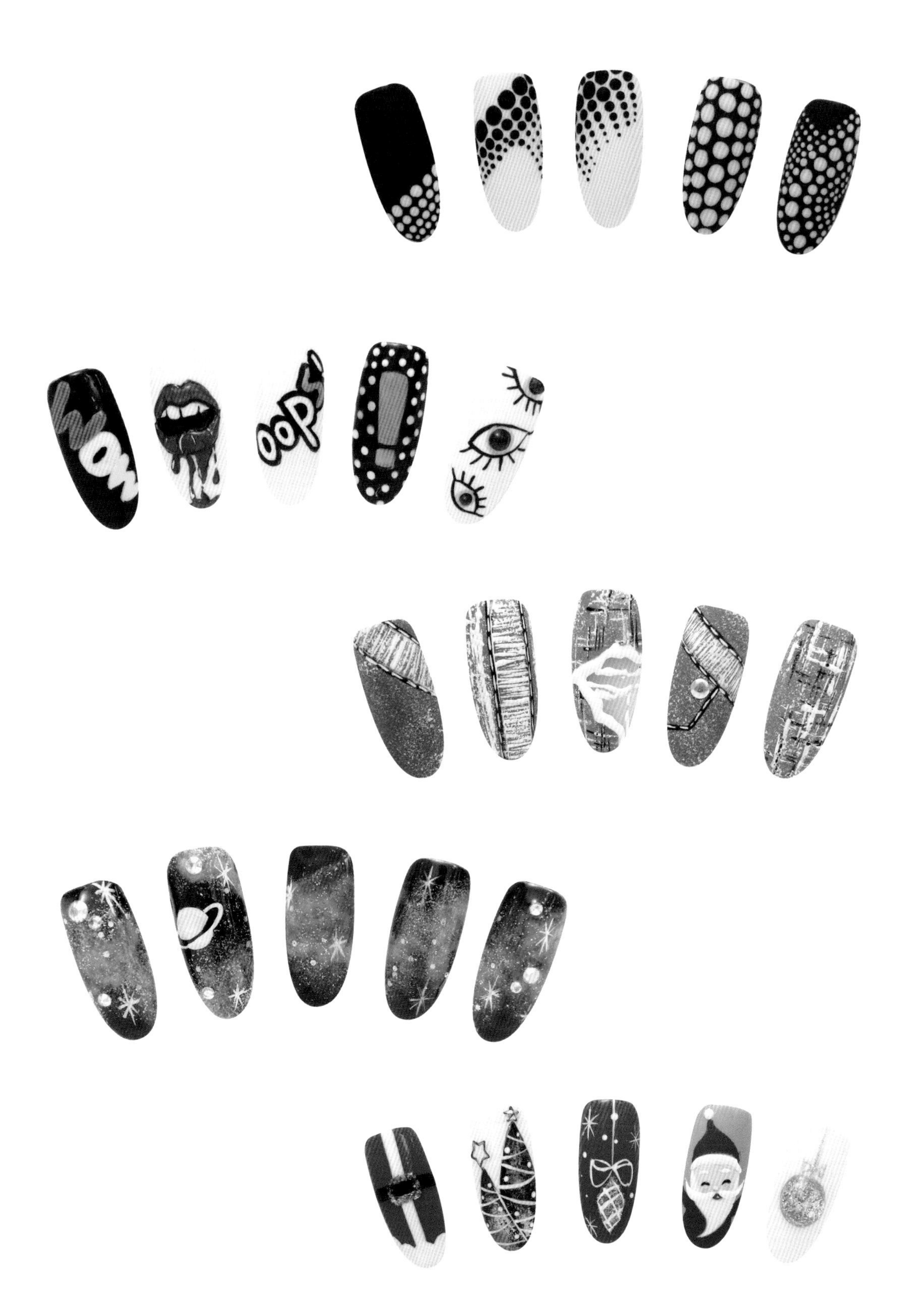
WOW
oops!

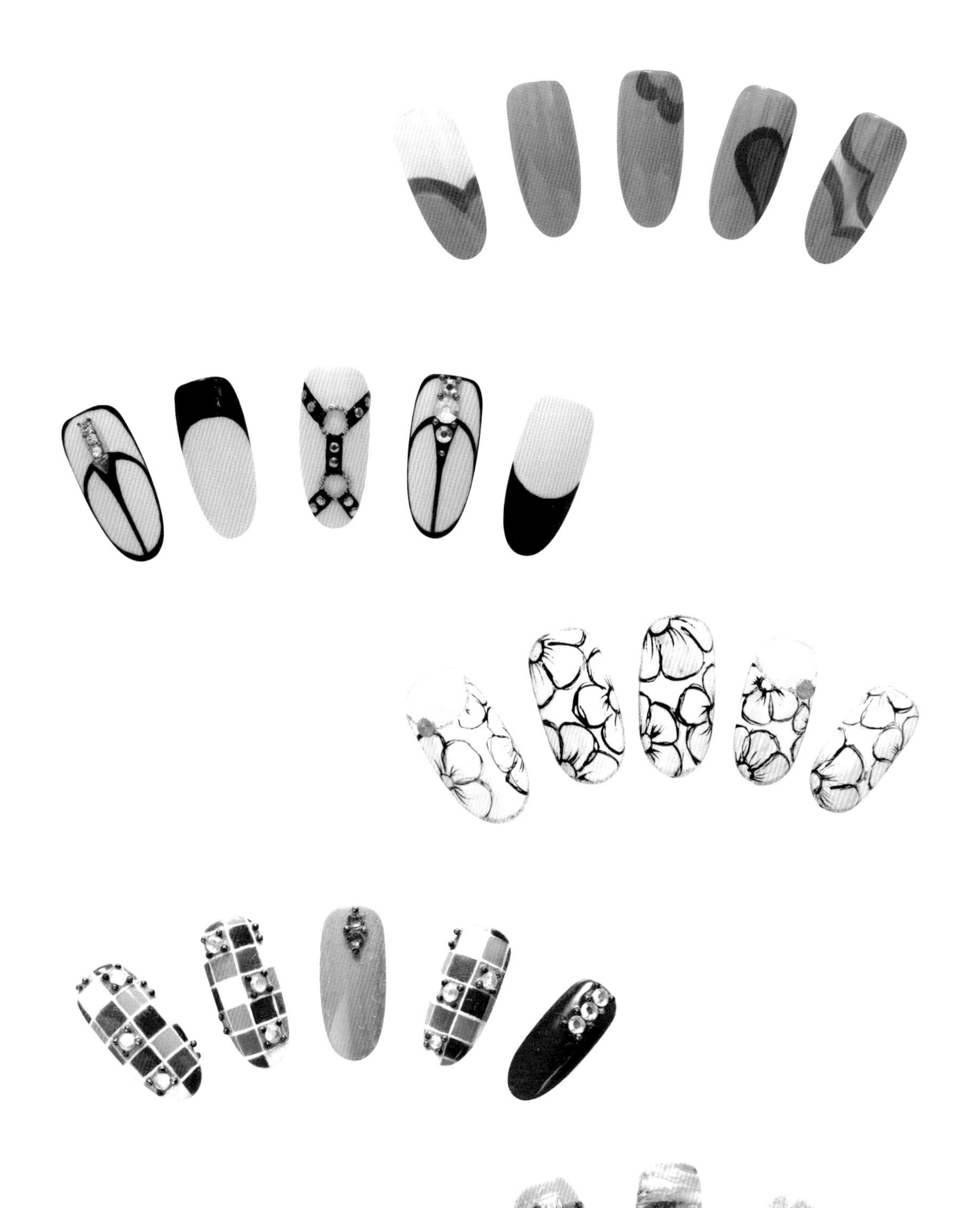

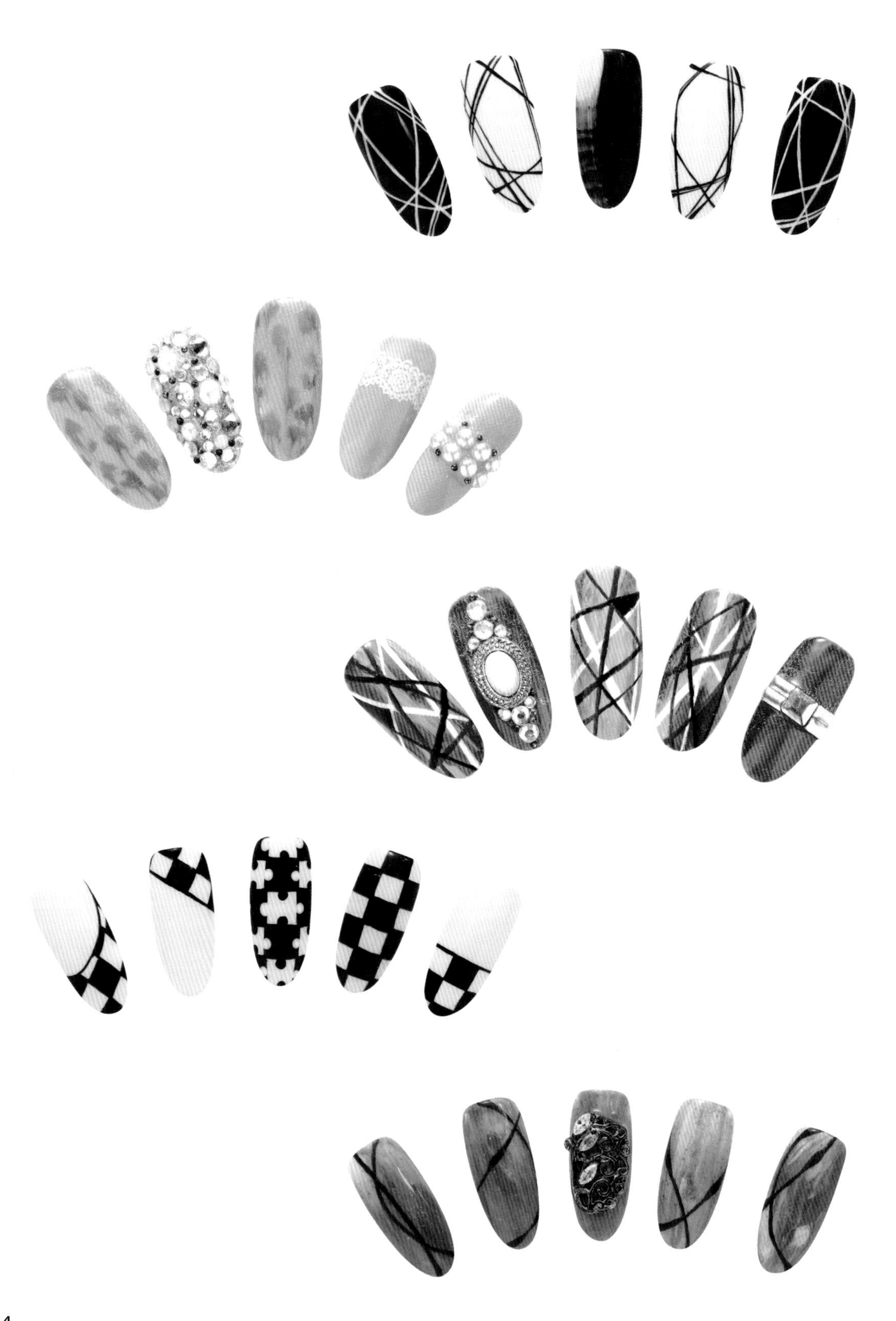

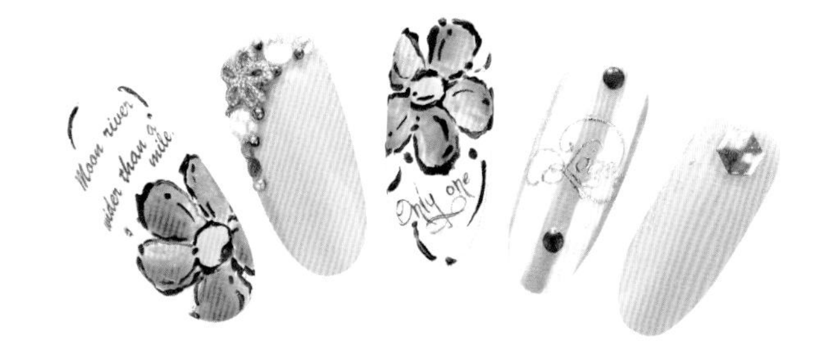
Moon river
wider than a mile
Only one

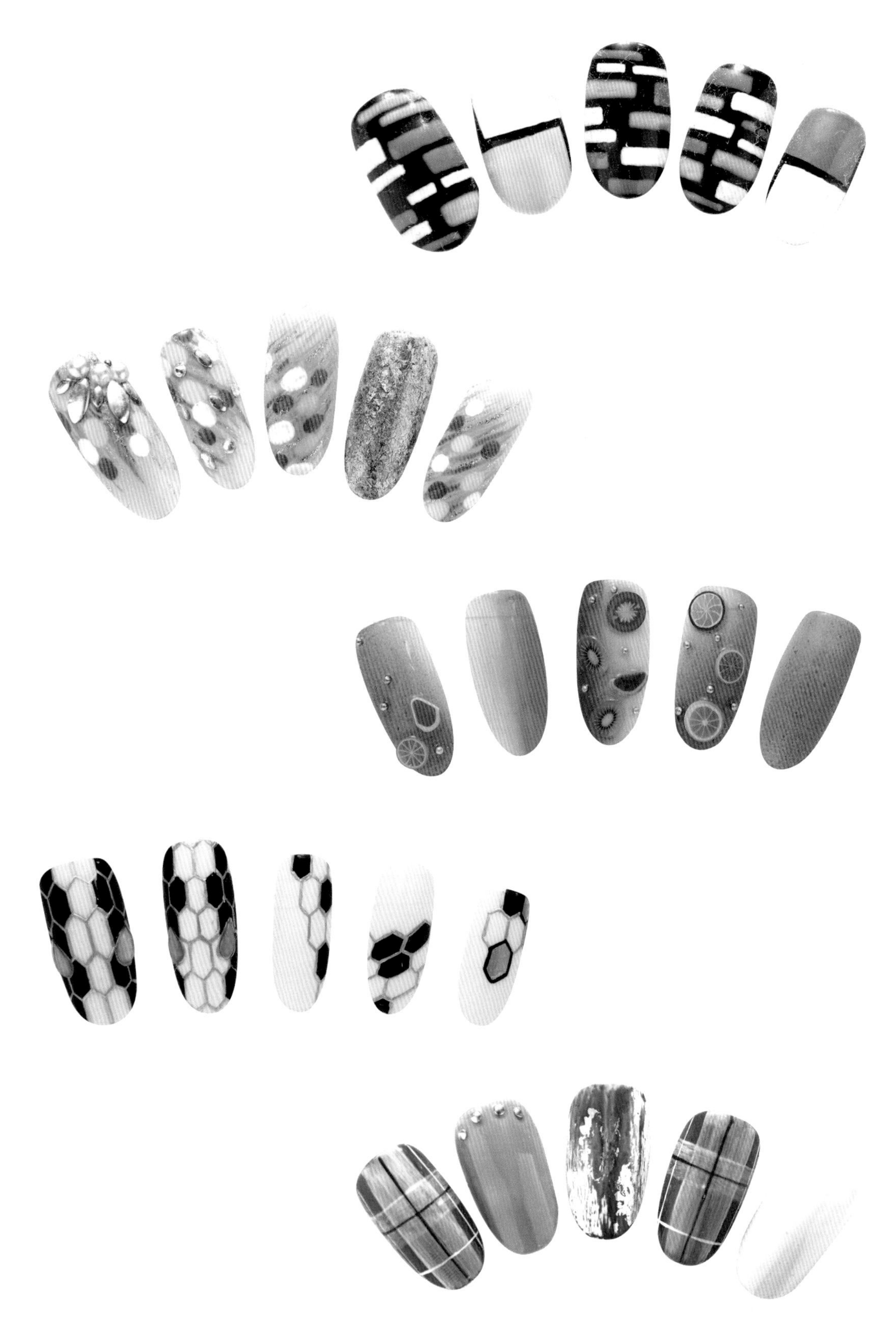

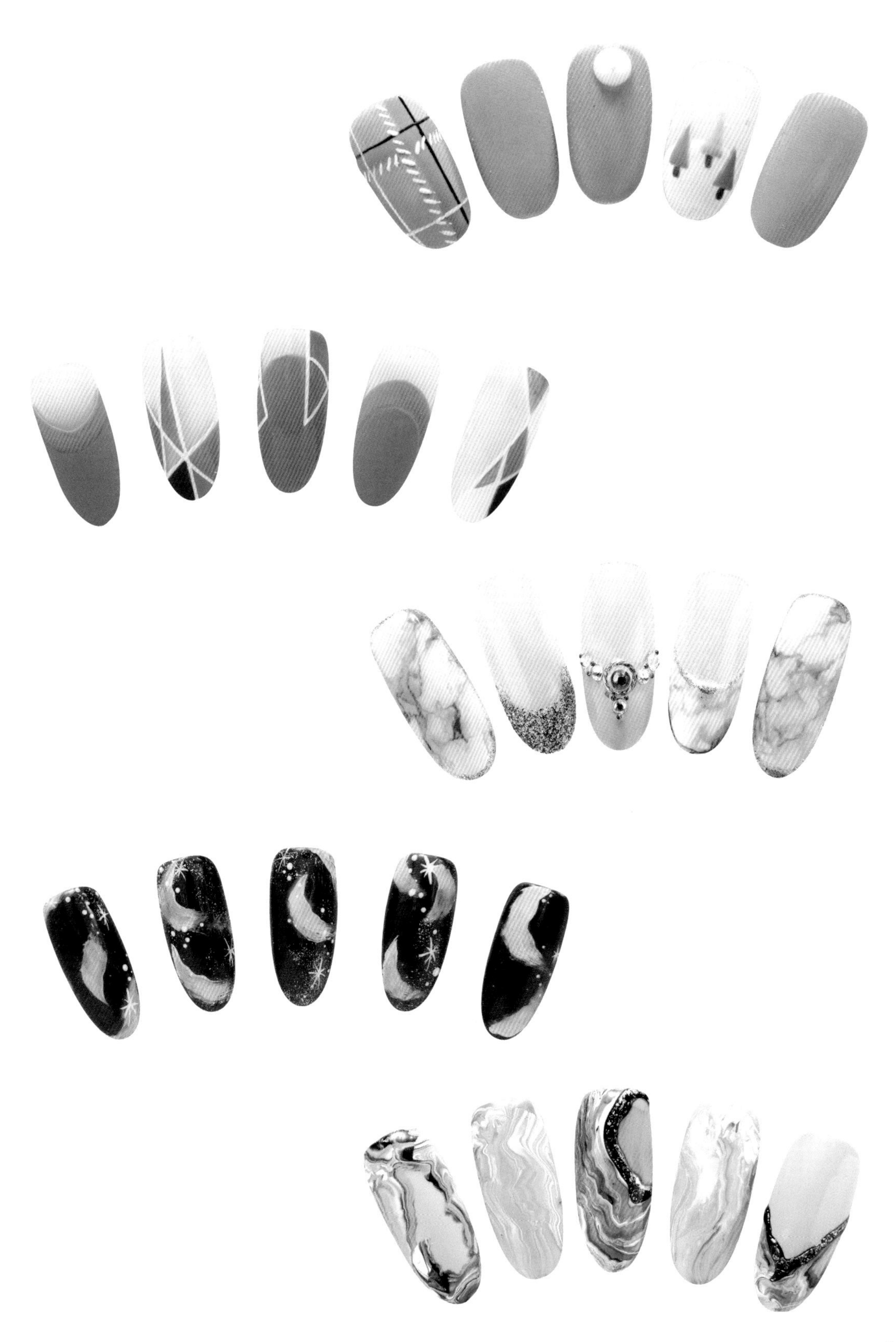

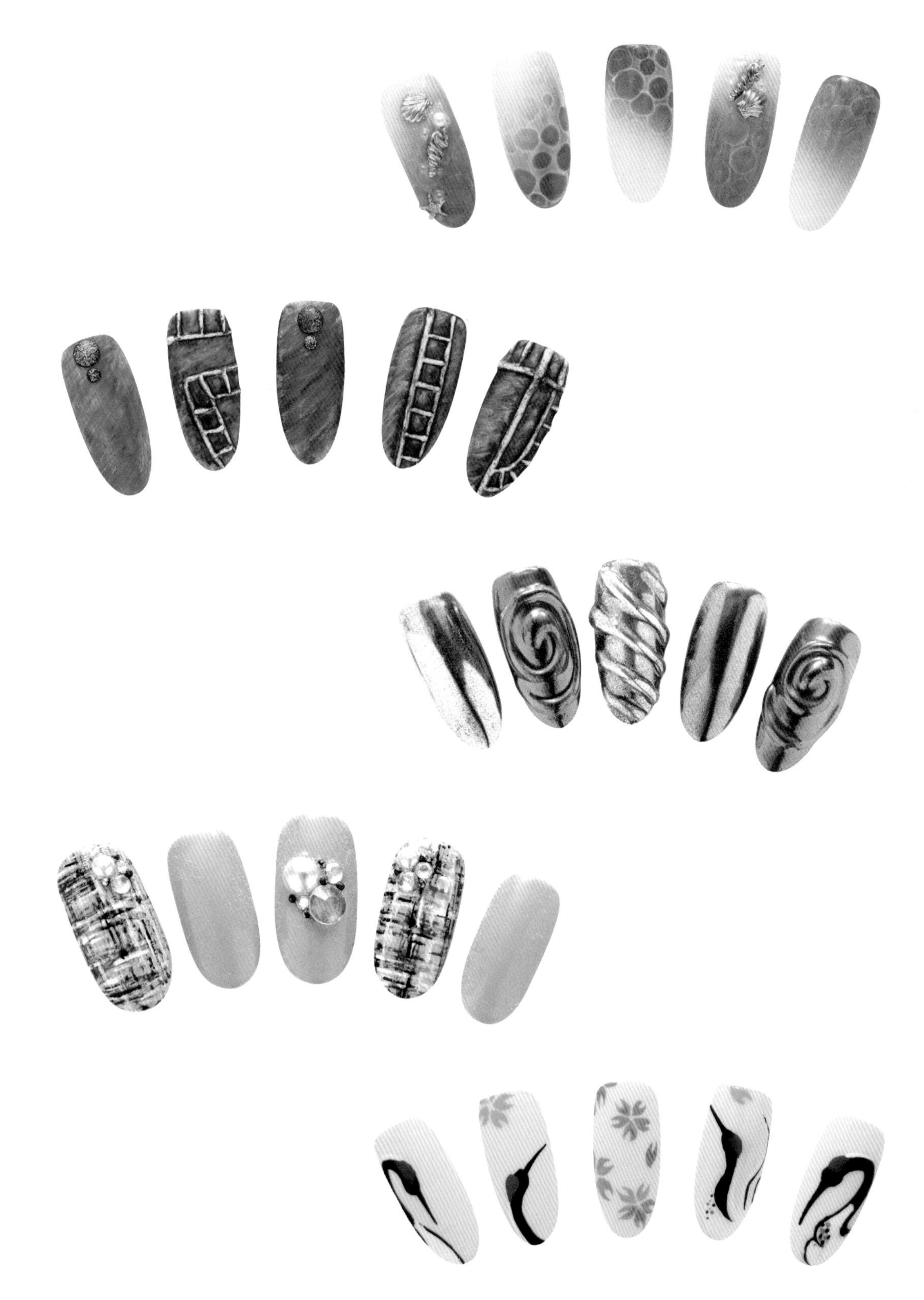

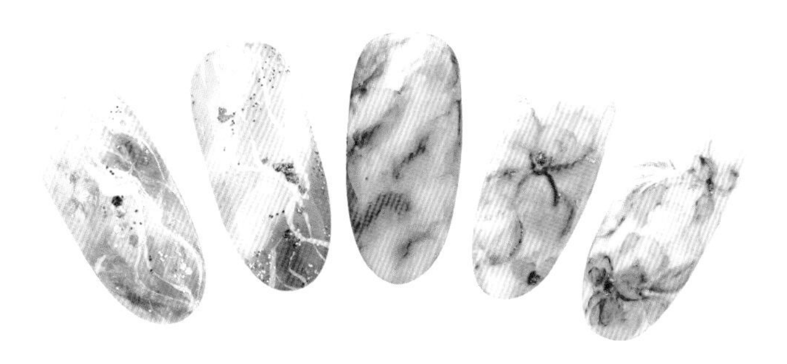

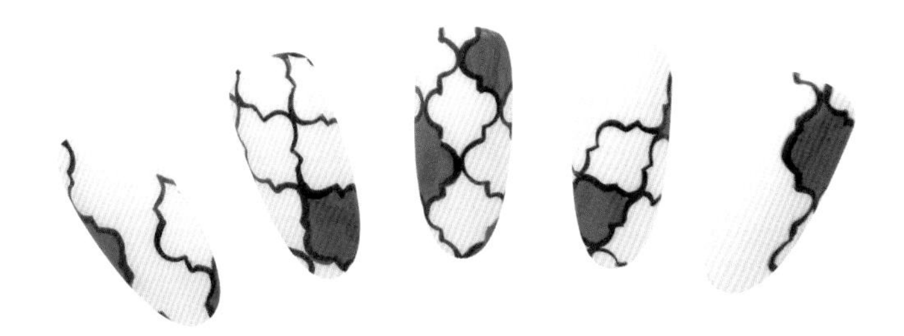

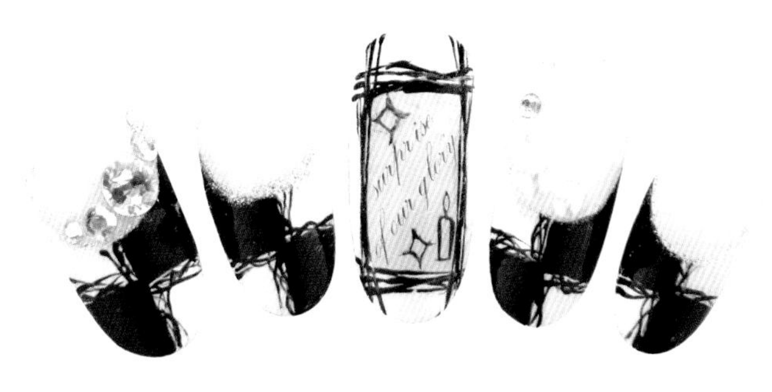
surprise
our glory

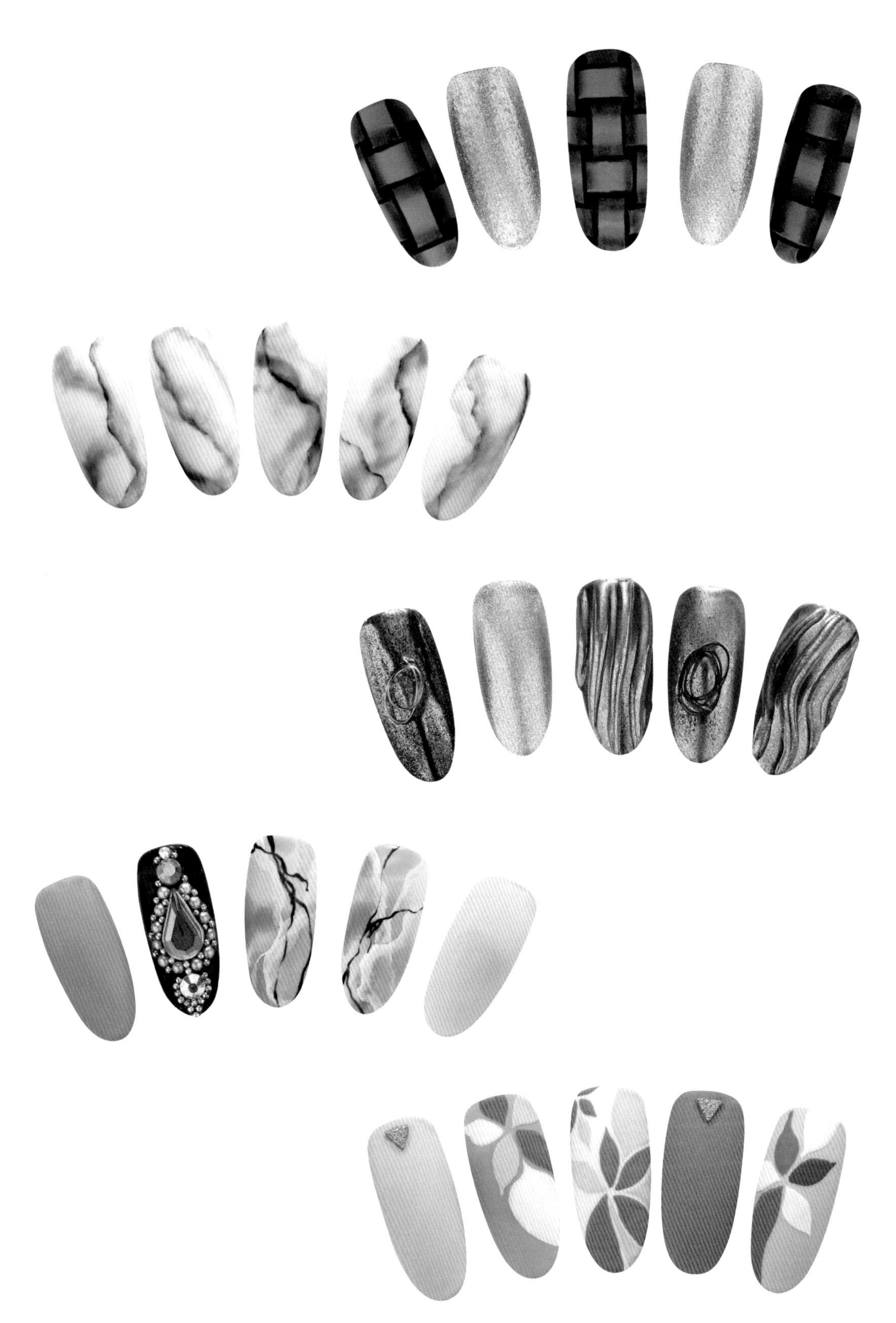

水晶粉平面雕塑作品

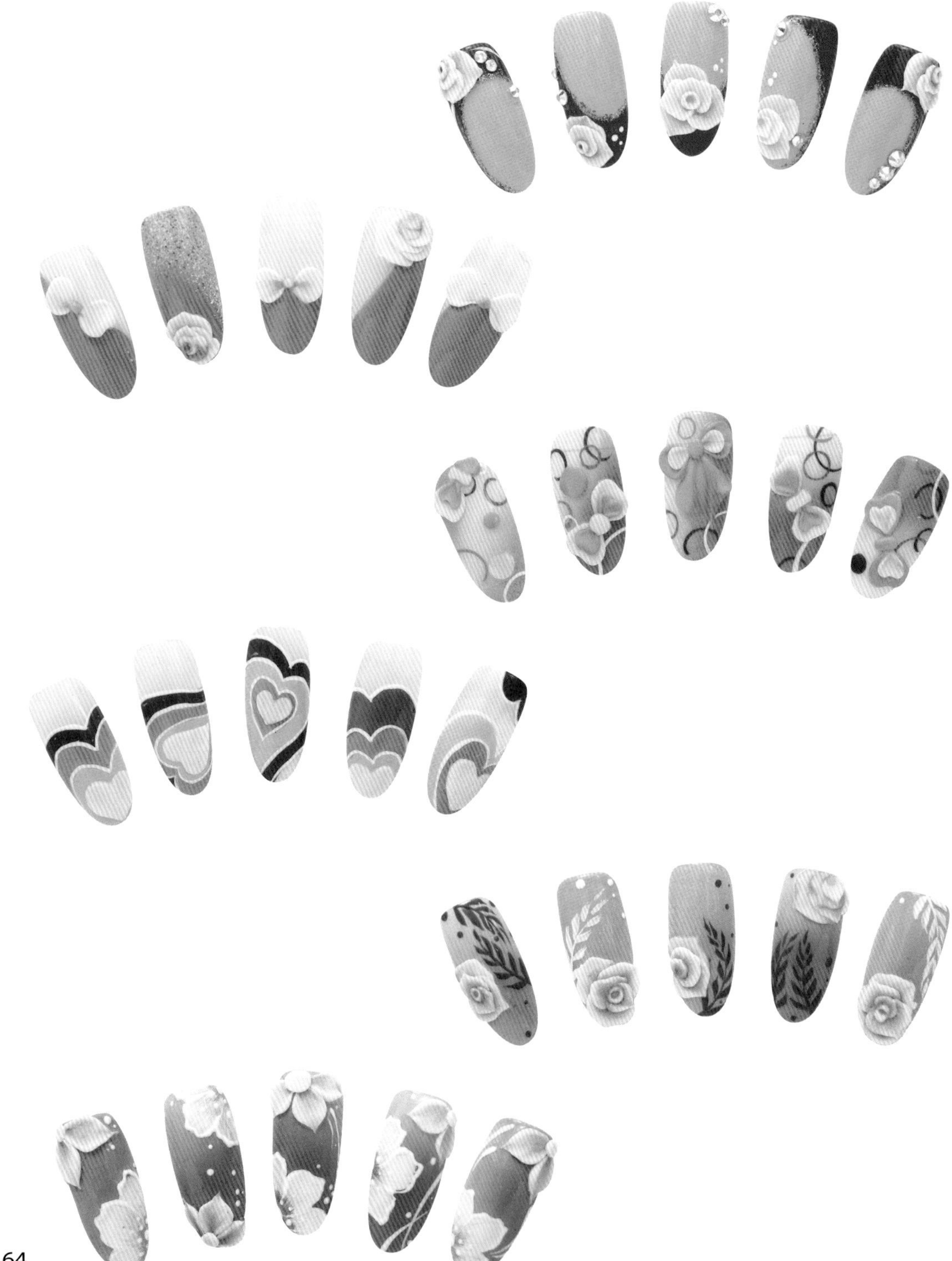

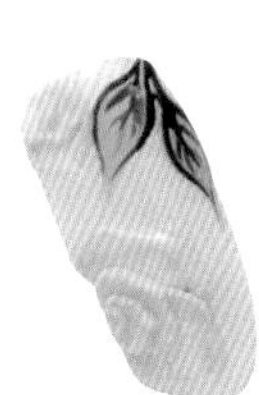
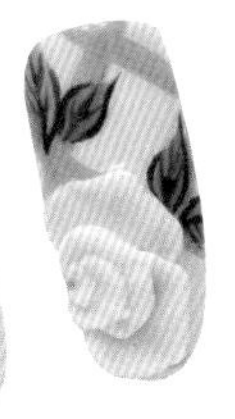
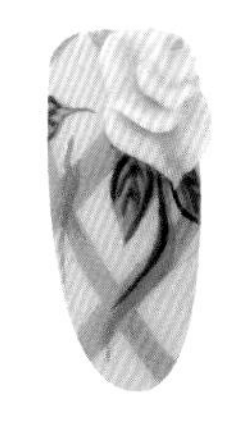
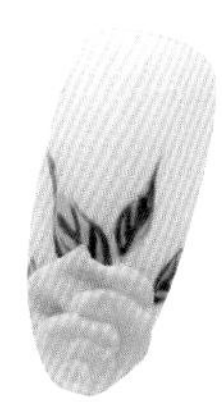

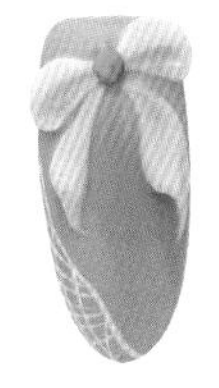

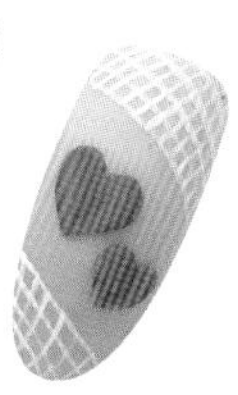

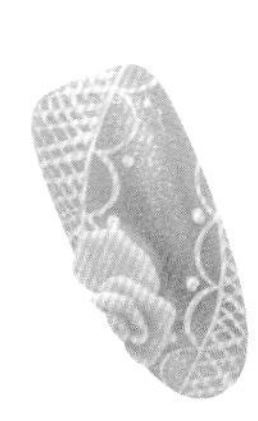

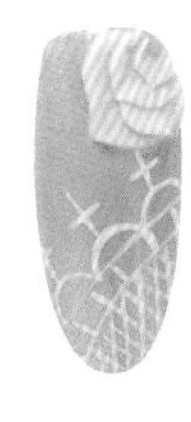
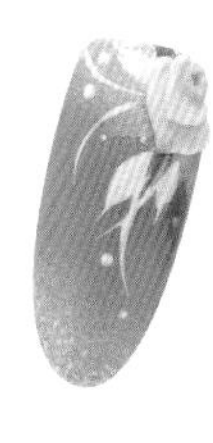

水晶粉3D立體雕塑作品

Merry
X'mas

RIP

水墨畫

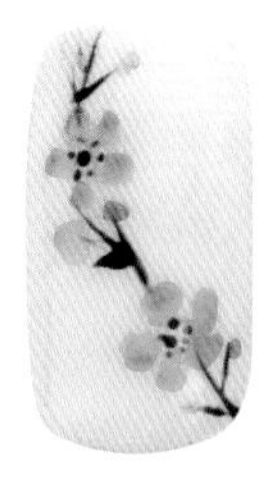

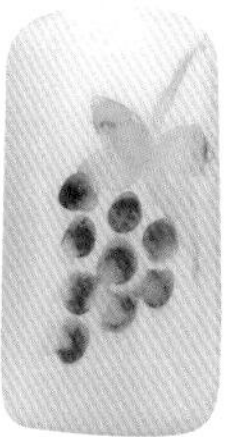
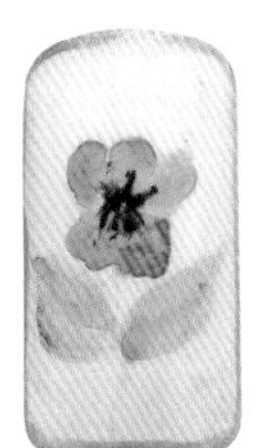

點描法

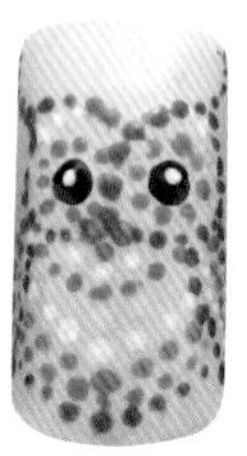
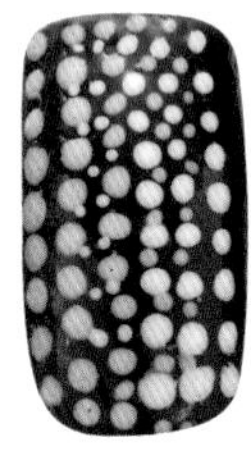

卡布奇諾

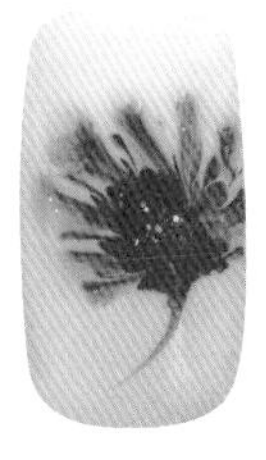
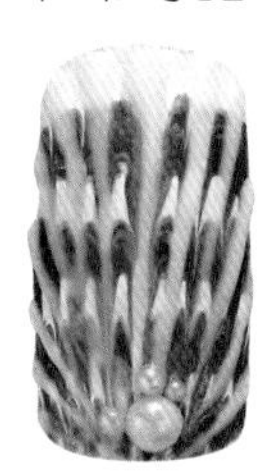

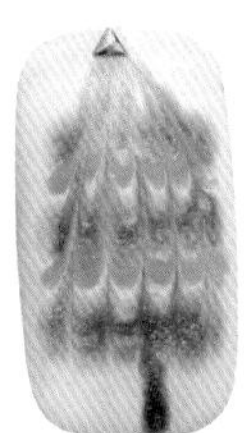

星空貼

花卉系列

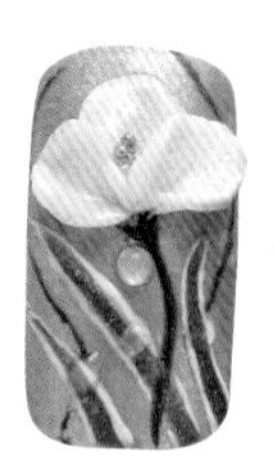

貓眼系列

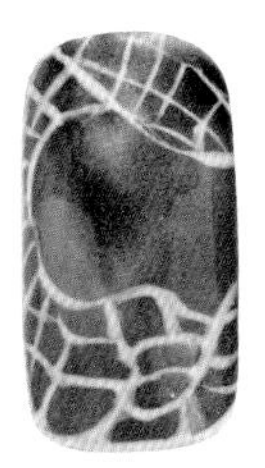
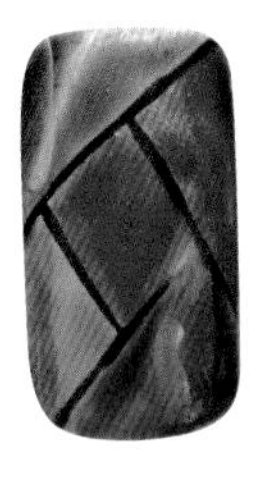
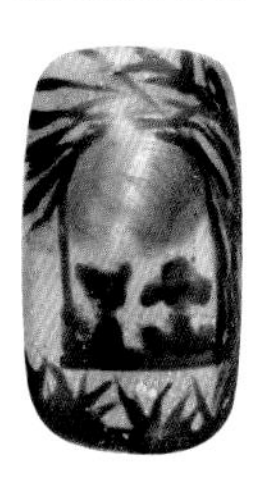
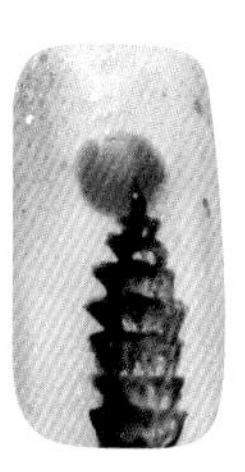

甜品雕花

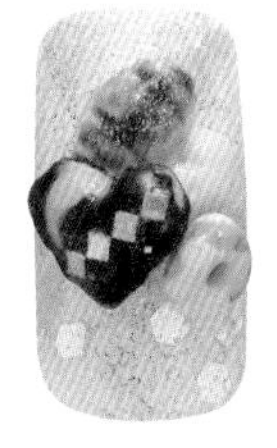
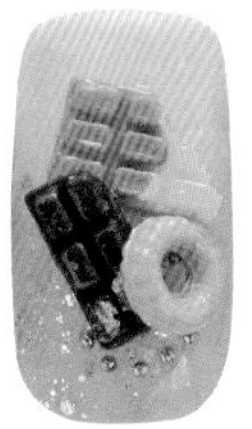
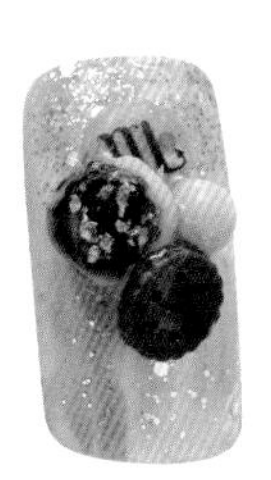

麵包雕花

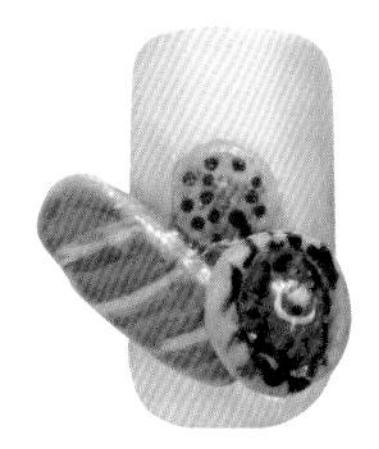

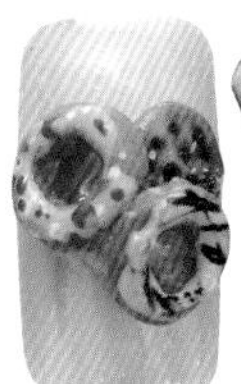
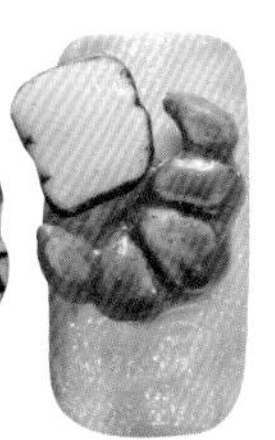

動物雕花

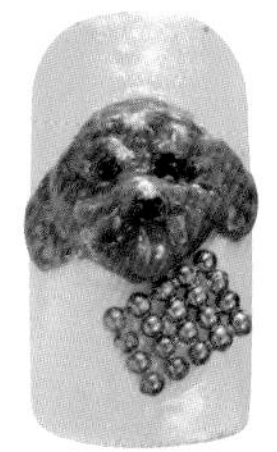

海洋雕花

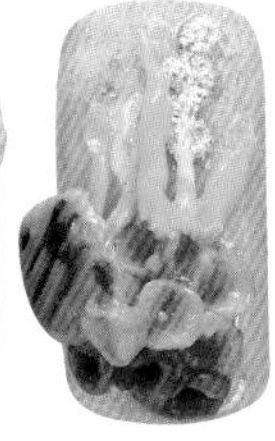
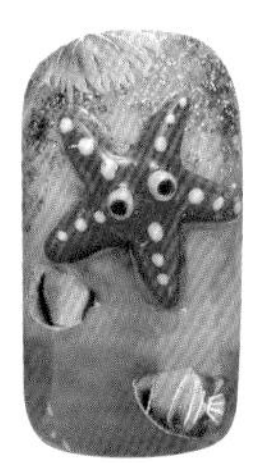
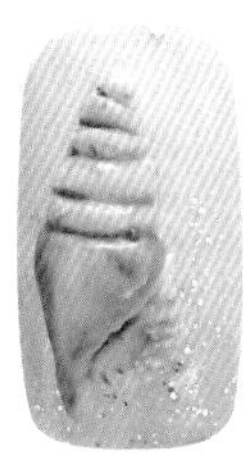

MEMO

MEMO

MEMO

MEMO

國家圖書館出版品預行編目資料

美甲彩繪：專業凝膠設計與護理/陳美均, 許妙琪編著.
-- 三版. -- 新北市：新文京開發出版股份有限公司,
2024.08
面；　公分

ISBN 978-626-392-044-6（平裝）

1. CST：指甲　2. CST：美容　3. CST：指甲疾病

425.6　113011093

美甲彩繪—
專業凝膠設計與護理（第三版）　（書號：**B426e3**）

編著者　陳美均　許妙琪
出版者　新文京開發出版股份有限公司
地　址　新北市中和區中山路二段 362 號 9 樓
電　話　(02) 2244-8188（代表號）
F A X　(02) 2244-8189
郵　撥　1958730-2
初　版　西元 2020 年 05 月 20 日
二　版　西元 2020 年 08 月 20 日
三　版　西元 2024 年 09 月 01 日

建議售價：480 元
法律顧問：蕭雄淋律師
ISBN 978-626-392-044-6

New Wun Ching Developmental Publishing Co., Ltd.
New Age · New Choice · The Best Selected Educational Publications — NEW WCDP

NEW WCDP

新文京開發出版股份有限公司

新世紀・新視野・新文京—精選教科書・考試用書・專業參考書